棉花 特异性状
种质资源图谱

何团结 编著

MIANHUA
TEYI XINGZHUANG
ZHONGZHI ZIYUAN
TUPU

时代出版传媒股份有限公司
安徽科学技术出版社

图书在版编目(CIP)数据

棉花特异性状种质资源图谱 / 何团结编著. --合肥：
安徽科学技术出版社，2025.3
ISBN 978-7-5337-8725-7

Ⅰ.①棉… Ⅱ.①何… Ⅲ.①棉花-特异性-种质资
源-图谱 Ⅳ.①S562.024-64

中国版本图书馆 CIP 数据核字(2022)第 254494 号

棉花特异性状种质资源图谱　　　　　　　　　　　　　　何团结　编著

出 版 人：王筱文　　　选题策划：李志成　　　责任编辑：李志成
责任校对：胡　铭　　　责任印制：梁东兵　　　装帧设计：冯　劲
出版发行：安徽科学技术出版社　　　http://www.ahstp.net
（合肥市政务文化新区翡翠路 1118 号出版传媒广场，邮编：230071）
电话：(0551)63533330
印　　制：合肥华星印务有限责任公司　　电话：(0551)65714687
（如发现印装质量问题，影响阅读，请与印刷厂商联系调换）

开本：710×1010　1/16　　印张：14　　　字数：220 千
版次：2025 年 3 月第 1 版　　印次：2025 年 3 月第 1 次印刷

ISBN 978-7-5337-8725-7　　　　　　　　　　定价：98.00 元

◎ 前　言 ◎

　　种业是国家战略性、基础性核心产业，种业是农业的"芯片"，种质资源是种业创新的基础。棉花是我国关系国计民生的大宗农产品和纺织工业原料，也是我国五大主要农作物（稻、小麦、玉米、棉花、大豆）之一；棉花种质资源（germplasm resource）是用于培育新品种的基础材料，包括棉花选育品种、地方品种、品系、遗传材料、地理种系以及野生资源等。

　　在安徽省财政种子工程项目"棉花种质资源收集、保存和创新利用"（12D0706）和"棉花特异性状种质资源的创新、鉴定与评价"（16D0709），安徽省支持科技创新若干政策专项资金项目"安徽省棉花种质资源库建设"（1701j07010006）以及农业基础性长期性科技工作任务国家种质资源观测实验项目（ZX01S1302，NAES-GR-046）等项目资助下，作者主持开展了棉花种质资源的性状精准鉴定工作，重点对特异性状棉花种质资源进行了鉴定评价，并采集了大量的图像资料。

　　本书主要汇编了安徽省棉花种质资源库收集保存的棉花特异性状种质资源的图谱，包括种质资源的主要特征特性及其特异生物学性状图片，并配以简要的文字说明。图片全部来自作者从实验田间采集的数据资料，本书不对图片进行任何修饰性编辑，以保留种质资源特异性状的原始信息，旨在为棉花种质资源及遗传多样性研究提供可视化数据资料，可供农业科技人员使用，也可为棉花遗传育种工作者提供参考。

　　由于设备条件及技术水平有限，加之图片采集时间跨度较大，书中难免存在性状表现不典型、图像再现不准确等现象，敬请读者批评指正。

　　本书素材积累过程中，安徽省农业科学院棉花研究所程福如研究员对图片拍摄技术进行了指导，苏香峰、阚画春等老师参与了部分种质资源的性状鉴定工作；

本书编著出版过程中,承蒙安徽省农业科学院棉花研究所郑曙峰研究员全文审阅并提出了宝贵修改意见,朱加保、徐道青等专家对本书的出版给予了大力支持。在此谨致衷心的感谢!

何团结

2024年3月

◎ 目　录 ◎

目　录

第一章

概述

第一节　棉花种质资源概述

种质资源（germplasm resource）是指选育新品种的基础材料，包括各种植物的栽培种、野生种的繁殖材料以及利用上述繁殖材料人工创造的各种植物的遗传材料。种质资源在自然演化和人工选择作用下，性状逐渐发生改变，积累了丰富的遗传变异，为生物学研究、新品种选育和农业生产发展提供了重要的物质基础材料。

现代育种可利用的种质资源数量、性状表现以及对其遗传规律的认识是作物育种成效的决定性因素。作物育种历史证明，对具有特异优良性状种质资源的发现和培育，往往是作物新品种选育取得突破性进展的关键所在。作物育种工作的实质就是按照人们的意志和需求，对种质资源在产量、品质、抗逆性等方面的优良性状按照尽可能理想的方式进行组合与创新，从而培育出符合育种目标的作物新品种。

作物种质资源主要包括选育品种、地方品种、野生近缘种以及育种中间材料等。选育品种是指经过人工选育或者发现并经过改良，形态特征和生物学特性一致，遗传性状相对稳定的植物群体。当地主栽的选育品种一般都具有较好的丰产性和较强的适应性，是培育新品种的基本种质材料。地方品种是指在局部地区长期自然栽培的品种，包括退化过时的选育品种、零星分散的品种或混杂退化的品种等，往往具有某些特异性状和潜在的利用价值。作物的野生近缘种往往具有该作物所缺少的某些抗逆性，常可作为外源种质抗源加以利用。作物种质资源数量众多的是育种中间材料，包括育种家通过人工选择、杂交、诱变、转基因等技术手段培育出的新品系，往往具有一些明显的特异优良性状，但又因尚存某些缺点而未能被审定（或认定）为新品种，不过可以作为一种优良的亲本资源加以保护和利用。

我国十分重视农作物种质资源的保护和利用工作。2015年，农业部会同相关部门印发了《全国农作物种质资源保护与利用中长期发展规划（2015—2030年）》，强化了农作物种质资源对现代种业发展的支撑作用；同年，农业部启动了第三次全国农作物种质资源普查与收集行动，目标是完成农作物种质资源的普查、收集、繁殖、鉴定并入库（圃）保存，要求省级农业科学院负责组织本辖区内农作物种质资源丰富县（市）的系统调查和抢救性收集工作，并要妥善保存本省征集和收集的各类作物种质资源。2019年，国务院办公厅出台了《关于加强农业种质资源保护与利用的意见》(国办发〔2019〕56号)，强调农业种质资源是保障国家粮食安全与重要农产品供给的战略性资源，是农业科技原始创新与现代种业发展的物质基础。《中华人民共和国种子法》(2021年修订版)规定，国家有计划地普查、收集、整理、鉴定、登记、保存、交流和利用种质资源，重点收集珍稀、濒危、特有资源和特色地方品种。国家实行植物新品种保护制度，对国家植物品种保护名录内经过人工选育或者发现的野生植物品种加以改良，其中具备新颖性、特异性、一致性、稳定性和适当命名的植物品种，由国务院农业农村、林业草原主管部门授予植物新品种权，保护植物新品种权所有人的合法权益。

棉花是人类有目的驯化的原生作物，在我国已有一千多年的种植历史。1949年以来，我国棉花每年平均种植面积为480万公顷(7 200万亩)，单年最大种植面积超过667万公顷(1亿亩)。早在2001年，棉花就被确定为我国的主要农作物(中华人民共和国农业部令第51号《主要农作物范围规定》)；2005年，棉花被列入《农业植物品种保护名录(第六批)》；2021年修订版《中华人民共和国种子法》仍然确定棉花为我国的主要农作物。

《中华人民共和国种子法》规定，申请审定的品种应当符合特异性、一致性、稳定性要求，其中特异性是指一个植物品种有一个以上性状明显区别于已知品种；2023年施行的国家标准《植物品种特异性(可区别性)、一致性和稳定性测试指南 棉花》(GB/T 19557.18—2022)给出了棉花品种特异性(distinctness)、一致性(uniformity)和稳定性(stability)测试(简称"DUS测试")的方法和结果判定原则，其中特异性(可区别性)判定要求需明显区别于所有已知品种，即待测品种至少在一个性状上与最为近似的品种具有明显且可重现的差异。根据DUS测试指南，测试指标主要以形态性状为主，通过观测和比较，判定待测品种是否具有特异性、一致性和稳定性。

综上所述，研究棉花种质资源的特异性状，对于拓展棉花种质资源基因库、丰富棉花种质资源的遗传多样性以及加强棉花种质资源的保护和利用具有重要意义。

第二节　安徽省棉花种质资源库介绍

种业是国家战略性、基础性核心产业,种业是农业的"芯片",是粮食安全的根基。农业物种资源是国家基础性、战略性资源,是种业创新的基础。2017年,安徽省人民政府出台了《支持科技创新若干政策》,支持农业科技创新和科技服务体系建设,对开展公益性共享服务的农业种质资源库(圃)实施绩效奖励,"安徽省棉花种质资源库建设"项目获得立项资助。经过2018—2019年两年的实施,安徽省棉花种质资源库建设任务顺利完成,且后期运行维护状况良好,能够对现有棉花种质资源实施有效保护。

一、安徽省棉花种质资源库框架结构

安徽省棉花种质资源库建设项目由种质资源低温库(中期库)、种质资源种植圃以及种质资源数据库等3个部分组成(图1-1)。种质资源低温库主要用于保存棉花种质资源,为种子形态的棉花种质资源提供一个低温、低湿的储藏环境,实现种质资源的长期安全保存;种质资源种植圃主要用于更新繁殖库存种质资源,通过田间种植鉴定种质资源的农艺性状等;种质资源数据库保存了全部入库种质资源的性状数据,为种质资源的编码、查询以及共享利用等提供基础条件,数据库预留了开放接口,以便与国家种质库或其他农作物种质资源数据库实现互通对接。

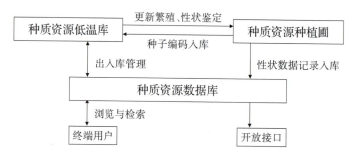

图1-1　安徽省棉花种质资源库框架结构

二、安徽省棉花种质资源库硬件设施建设

种质资源低温库是安徽省棉花种质资源库建设的基础设施。现已建成的棉花种质资源低温库位于安徽省安庆市迎江区,库容近40立方米,采用抽屉式种子密集架储存种子,具备保存5 000份棉花种质资源的保藏能力,低温库温度设定为0℃,温度控制范围为—4~4℃,相对湿度低于50%,棉花种子安全储藏设计年限为10年。建立了稳定的棉花种质资源种植圃,面积为1公顷,其中棉花黄萎病人工病圃面积为0.1公顷。开发了安徽省棉花种质资源开放共享数据库平台,在库棉花种质资源统一采用二维码标识管理系统。这些基础设施的建设,为棉花种质资源的保存和利用提供了基础条件。

三、安徽省棉花种质资源库管理制度建设

1. 棉花种质资源管理技术规范

安徽省棉花种质资源库由棉花种质资源研究团队负责运行管理,制定了系列管理制度。其中,棉花种质资源收集、鉴定与保存方面,参照《第三次全国农作物种质资源普查与收集行动实施方案》提供的相关标准和规范,主要包括《3-1-1棉花种质资源描述规范》《3-1-2棉花种质资源数据标准》《3-1-3棉花种质资源数据质量控制规范》等技术规范,并结合省级种质资源库的现有条件,对在库种质资源进行统一整理,建立了规范的种质资源名录。另外,制定了安徽省棉花种质资源库安全管理以及种质资源入库与共享管理等系列运行管理制度。完善的管理制度保障了种质资源库规范安全运行。

2. 棉花种质资源的分类与编码

陆地棉主要基础种质的命名与分类方法:有按照种质选育单位名称命名的,如岱字棉(Delta & Pine Land)系统、德字棉(Delfos)系统和珂字棉(Coker)系统种质等;有按照种质选育地命名的,如斯字棉(Stoneville)系统、爱字棉(Acala)系统、脱字棉(Trice)系统种质等;有按照种质主要种植地命名的,如福字棉(Foster)系统种质等;

还有按照种质引进地命名的,如乌干达棉(Uganda)系统等。

　　安徽省棉花种质资源库参照陆地棉主要基础种质的命名与分类方法,按照种质地理来源和主要性状特征,结合种质保有量,对入库种质资源进行分类。种质资源类型划分及其分类依据如下(表1-1)。

表1-1　安徽省棉花种质资源库种质资源类型划分及其分类依据

主分类号	种质资源类型	分类依据
0	亚洲棉	亚洲棉种质
1	长江流域系列	来自长江流域棉区的种质,或长江流域种业单位选育的品种、品系等种质
2	黄河流域系列	来自黄河流域棉区的种质,或黄河流域种业单位选育的品种、品系等种质
3	中字头系列	来自中国农业科学院棉花研究所、植物保护研究所等单位选育的品种、品系等种质
4	国外系列	来自国外的品种、品系等种质
5	抗虫系列	转外源Bt基因抗虫棉基础种质
6	早熟系列	早熟短季棉、机采棉品种、品系等种质
7	特异性状系列	具有雄性不育、彩色絮、彩色叶等特异农艺性状的种质
8	重组自交系	杂交后代材料经过连续自交获得的重组自交系以及多次回交转育获得的近等基因系等种质
9	海岛棉	海岛棉种质

　　安徽省棉花种质资源库中的每一份入库种质资源都被赋予一个种质库编号。种质库编号由8位字符串组成:以英文字母"AM"开头;后接2位数字代表种质分类编号,其中前一位为主分类号,后一位为辅分类号;第五至第七位数字为种质资源在库内的3位顺序编号;第八位数字标识同一种质的不同来源、不同收获年份的种质系等(表1-2)。例如:种质库编号"AM400391""AM400393"均为种质"TM-1",但"AM400391"为2019年收获、种植圃编号为"19EP03",而"AM400393"为2016年收获、种植圃编号为"16J702"。种质库编号具有唯一性,是每一份种质资源的身份标识。

表1-2　安徽省棉花种质资源库种质编号组成

编号	A	M	D	D	D	D	D	H
示例	A	M	4	0	0	3	9	3
含义	种质库标识		种质分类号		种质顺序号			附加码
说明	取"安徽""棉花"二词汉语拼音首字母		00:亚洲棉 10:长江流域系列 20:黄河流域系列 30:中字头系列 40:国外系列 50:抗虫系列 60:早熟系列 70:特异性状系列 80:重组自交系 90:海岛棉		种质资源在库内的3位顺序编号			区分同一种质不同来源、不同收获年份的种质系

本书棉花种质资源介绍中所述"种质库编号"是指种质资源在安徽省棉花种质资源库中的编号。

3. 棉花种质资源的保存

安徽省棉花种质资源库建成后,截至2021年已累计整理、编目棉花种质资源2 000余份。其中包括以来自本省的种质为主体的长江流域系列种质750余份,来自黄河流域的系列种质460余份,以及其他特异性状种质资源。全部种质资源均存储毛籽,采用专用牛皮纸袋包装,一般种质资源存储数量为每份50克左右,核心材料存储100克左右。

四、棉花种质资源数据库平台建设

为便于种质资源出入库管理,安徽省农业科学院开发了安徽省棉花种质资源数据库平台,在库棉花种质资源统一采用二维码标识管理系统。数据库框架参照《3-1-1棉花种质资源描述规范》,设置106项种质资源性状数据项(字段),包括11项基本信息、56项基本农艺性状、6项重要物候信息、33项品质和抗性性状等,根据现有条件已对其中的54项基本农艺性状、5项品质性状和2项抗性性状开展了观

测鉴定(表1-3)。截至2021年,已上传数据记录2 000余条,并从中筛选出核心种质资源300余份,对其进行更新、扩繁和性状精准鉴定。

表1-3 安徽省棉花种质资源数据库记录的种质性状指标

观测一级指标	观测二级指标项数	观测二级指标(字段名)
基本农艺性状	54	生长习性、生长方式、熟性、株型、株高、植株腺体、茎色、主茎硬度、茎毛多少、茎毛长短、叶形、叶色、叶裂刻、叶裂片数、叶蜜腺数、叶毛多少、叶毛长短、叶基斑、花形、花冠色、花冠长度、花药色、花丝色、花柱长度、花基斑大小、花基斑颜色、花萼形状、苞叶形状、苞齿数目、苞叶联合、苞外蜜腺、苞叶自落、果枝节位、果枝类型、果枝数、叶枝数、单株铃数、铃着生方式、铃色、铃形、铃尖突出、吐絮程度、铃室数、每室种子数、铃重、衣分、子指、种子腺体、短绒、短绒颜色、种毛长短、种毛着生方式、纤维有无、纤维颜色
品质和抗逆/抗病性状	7	纤维长度、整齐度、比强度、伸长率、马克隆值,枯萎病、黄萎病

第二章
陆地棉
种质资源

第一节　陆地棉种质资源概述

一、陆地棉种质资源的生物学性状

通常所说的棉花,是指棉属(*Gossypium*)植物的4个栽培种,即二倍体棉种草棉(*Gossypium herbaceum* L.)和亚洲棉(*Gossypium arboretum* L.)以及四倍体棉种陆地棉(*Gossypium hirsutum* L.)和海岛棉(*Gossypium barbadense* L.)。

自从古代人类发现了棉纤维的保暖特性,开始对棉花野生种进行有目的的选择和种植,逐步形成了具有经济价值的栽培种。历史上曾大面积种植的草棉和亚洲棉,因其商业利用价值低,逐渐被陆地棉取代;海岛棉因其对栽培条件的特殊要求,仅在部分国家和地区种植。

陆地棉在大约8 000年前被从野生种驯化供人类使用,并逐渐成为主要的棉花栽培种。陆地棉具有产量高、适应性广、能生产适合现代纺织业需求的天然棉纤维等优良特性,在世界范围内被广泛种植。近些年,大面积棉花种植区主要分布在印度、中国、美国、巴基斯坦、巴西和乌兹别克斯坦等国家,占世界棉花栽培面积的75%以上[根据联合国粮农组织(FAO)2017—2019年数据统计]。我国棉花生产上大面积种植的棉花品种97%以上都是陆地棉,海岛棉仅在新疆棉区部分地区种植,面积占比不足3%。因此,本书中除非特别说明,一般所称的棉花都是特指陆地棉。

陆地棉(*G. hirsutum* L.)为异源四倍体棉种($2n=4x=52$),属于$(AD)_1$基因组。

陆地棉为一年生亚灌木,具有潜在的多年生习性,但从商业种植的角度而言是典型的一年生作物。植株能够长成1.5~2.0米高的灌木或是小树,但在一个栽培周期内,一般株高在0.6~1.6米。

棉花根系为直根系,有主根和许多侧根。棉籽萌发时,胚根伸出向下生长成为主根,从主根上再分生出一级、二级侧根。在适宜条件下,主根向下持续生长,可深达1~3米;一级、二级侧根也可继续分生出三级、四级乃至五级侧根。主根、各级侧根及其根尖附近的大量根毛构成棉花的根系,分布深而广。

棉花植株的主茎由顶芽分化形成,呈单轴无限生长。主茎上有节,茎节上着生分枝和叶片;节间伸长使主茎增高,主茎高度(即株高)一般在1.0~1.5米。主茎横断面略呈五边形至近圆形,生长中的棉株茎色常呈下红上绿色或全绿色,成熟的棉株茎色呈棕褐色。主茎皮层中分布有棕褐色油点状多酚色素腺体(油腺),主茎、小枝和幼叶上大多着生茸毛,也有无茸毛品种。

棉花主茎能分化产生叶枝和果枝2种类型的分枝。叶枝又称为"营养枝",其生长和主茎相似,由顶芽不断向上生长形成,属于单轴分枝;叶枝上不会直接开花结铃,而是需要先在叶腋上长出果枝以后,才能开花结铃。叶枝一般生长在棉株下部茎节上,生长在上部茎节上的叶枝就是赘芽。果枝是自侧芽持续生长的合轴分枝,生长在主茎中、上部节位处的叶腋内;果枝的顶芽分化形成花芽,一般不再继续伸长,成为果节;侧芽继续生长,使果枝交替曲折、略呈水平地向外伸展。

棉花的叶可分为子叶、真叶和先出叶三种类型。子叶由受精卵分化发育而成,两片子叶重复折叠在种皮内,种子萌发时胚轴伸长突破种皮,子叶随之由折叠逐渐展开;子叶仅由叶片和叶柄组成,为不完全叶;两片子叶对生,一大一小,近似肾形,绿色,基点多呈红色。先出叶由主茎叶腋内腋芽原基分化形成,是一级腋芽基部分化的第一片退化叶;先出叶为披针形、长椭圆形或不对称卵圆形,大多无叶柄、无托叶,生长一个月左右即自然脱落。

真叶为子叶节以上的茎节上长出的叶,单叶互生,属于完全叶,成熟的叶由叶片、叶柄和托叶三部分组成;叶柄和叶片近似等长,叶柄基部与茎结合处两侧各生一枚托叶,一般主茎叶的托叶呈镰刀形,果枝叶的托叶近三角形,托叶大多早期凋落。叶片有常态叶形、鸡脚叶形和超鸡脚叶形;常态叶呈掌状,较大且接近平展,裂片一般为3~5个,呈宽的近三角形,无缢缩,缺刻一般较浅,不到叶长的1/2;鸡脚叶和超鸡脚叶裂片狭长,呈渐尖披针形,缺刻深,可达到或超过叶长的4/5。一般主茎第一片真叶全缘,第三片真叶以上叶片有明显的裂片,中部主茎叶以及内围果枝叶的裂片数较多。

棉花的叶片颜色大多为绿色,部分种质资源叶片呈黄色、紫红色或花斑色;不同发育时期的叶片颜色稍有不同,幼嫩的新叶颜色偏浅,成熟叶颜色较深,衰老叶普遍呈焦黄色;同一发育时期,叶片颜色也会因气候和栽培条件的影响而表现出较大差异。

棉花的叶片围绕主茎或分枝的轴呈螺旋状轮生,叶序为3/8式。叶片正面具有一层发育的栅栏组织,而叶片背面则为由4~5层不规则细胞组成的海绵组织,称

为"背腹叶"。叶片表面大多覆盖有茸毛,成熟叶片的上、下表皮层都覆盖有角质膜,其中含有角质和蜡质,使叶片表面显得光滑而有光泽。叶片背面的主脉上通常有1~3个蜜腺,着生在离叶柄1.5~2.0厘米处。

棉叶除了能进行光合作用和蒸腾作用,还具有较强的吸收作用,因此可以通过叶面喷施肥料、农药和生长调节剂等。

棉花未开放的花芽特称为"蕾",棉蕾由苞叶全包裹,里面有幼小的花萼、花瓣、雄蕊和雌蕊等结构。苞叶通常为三片,形状近似三角形,上缘呈锯齿状,常裂成7~12个长尖的齿,三个苞叶分离或基部联合。苞叶基部外侧大多具有苞外蜜腺,也有无蜜腺品种。苞叶由变态叶演化而来,其形态结构与叶片类似,能进行光合作用。

幼小的花蕾呈锥体结构,花冠基部围绕着一圈花萼,花萼由5片短的萼片联合成顶部呈波浪形的杯状,其基部内侧以及基部外侧两苞叶相交处都分布有蜜腺,能分泌蜜汁;花萼呈黄绿色,上部紧贴着棉铃,并随着棉铃的长大而扩大,到棉铃成熟时枯萎。

棉花的花为单生花,单独一朵花着生于叶腋或枝顶的花梗上。花朵由苞叶、花萼、花冠、雄蕊和雌蕊构成,为蔷薇形花冠,花朵大,花冠由5片独立的花瓣构成,基部融合,着生在萼片内部;花朵开放前,花冠快速伸长突出苞叶,各片花瓣向左或向右相互覆盖旋转折叠,上部紧密交织在一起,至开花当日花冠才张开;花瓣通常呈现稍带黄色的乳白色,开花次日逐渐变成深粉红色并且萎蔫;少数品种花瓣基部有紫红色基斑。

花冠里面为雄蕊和雌蕊。雄蕊由花药和花丝两部分组成,花丝基部联合在一起,形成了一种特殊的雄蕊管,包围在雌蕊的花柱及子房外面,基部与花瓣相连。棉花的雄蕊为单体雄蕊,数目较多,一般有50~125个或更多。花丝在雄蕊管上排成与花瓣对生的5棱,每棱两列花丝,每根花丝顶端着生一个花药;花药呈肾形,在花粉形成初期为四室,花药成熟时药隔逐渐解体变成一室;每个花药有少则数十、多则一二百个花粉粒,花粉粒为带刺突的圆球状,呈乳白色至金黄色;每个雄蕊有350~900个花粉粒,花粉粒大且重,直径在100~140微米,表面稍带黏性,不易被风传播,但易于黏附在柱头上,也容易被昆虫所携带传播。

棉花的雌蕊为复雌蕊,由子房、花柱和柱头等三部分组成。雌蕊基部的圆锥形部分是子房,由3~5个心皮或心室构成,各心皮边缘在中央连接形成中轴,形成中轴胎座;每室7～11个胚珠成两列着生在中轴上;子房与柱头之间的传递组织是由心皮延伸组成的花柱;花柱的顶端是柱头,柱头常常全部联合成带浅裂纵沟的棒状,一般略高于雄蕊;柱头为干性柱头,不分泌黏液,其上密被单细胞柱头毛,能粘住花粉粒。

开花受精后,花冠和雄蕊管连同柱头和大部分花柱一起脱落,雌蕊的子房部分急剧膨大,发育成棉铃;花梗变成铃柄,铃柄较粗短而挺直。幼小棉铃的外面仍为发达的绿色苞叶所包围;成熟的棉铃(蒴果)较大,多呈卵圆形、椭圆形、圆锥形或圆球形,顶部有突出的铃尖和明显的铃肩,也有品种铃尖钝或铃肩不明显。棉铃多为淡绿色,成熟时有紫红色斑点,铃面较平滑,分布有多酚色素腺体。棉铃一般生长50～70天便发育成熟,铃壳(即果皮)逐渐失水、收缩,沿着缝线处裂开露出籽棉,称为"吐絮"。一般铃壳薄的较易裂铃且开裂充分,含絮力弱,吐絮畅,易于收花,但籽棉易于掉落;铃壳厚的裂铃不畅,含絮力强,不易采摘。

棉铃子房内的胚珠受精后发育成种子。棉花的种子(棉籽)呈不规则梨形,一端钝圆,另一端较狭尖,主要由种胚和种皮组成,胚乳遗迹呈乳白色薄膜状包裹在种胚之外。

种皮(棉籽壳)由内、外珠被发育形成,主要由排列密集的栅状细胞层组成。成熟种子的种皮较坚硬,呈黑褐色;未成熟种子的种皮质地较软,多为浅红褐色;种皮内的维管束系统外显为较不明显的脉纹。种子钝圆的一端是合点端,合点端的种皮是由薄层薄壁细胞组成的,壳内留有由许多疏松的菌丝状色素细胞所组成的合点帽,是种子萌发时吸收水分和氧气的通道;相对狭尖的一端是珠孔端,有一个珠柄遗留的棘状突起,旁边有一个珠孔(发芽孔),是种子萌发时胚根穿出的通道。

种胚(棉籽仁)由胚囊内的受精卵发育形成,由下胚轴、胚根、胚芽和子叶构成。胚根、胚轴和胚芽构成胚本体,位于珠孔端,大部分为子叶所覆盖;两片子叶重复折叠,占据了种皮内的大部分空间;子叶呈乳白色,分布有大量深红色的多酚色素腺体,棉酚含量占种子重量的0.2%～2.0%。

棉花纤维是由受精胚珠的表皮细胞经伸长、加厚而成的一种表皮毛,属于种子纤维。棉花开花时,胚珠外珠被的部分表皮细胞(生毛细胞)出现突起,正常受精之后随着子房的急剧增大,这些生毛细胞也迅速伸长,经过纤维素沉积使其次生壁增厚,再经过脱水、扭曲,最终形成成熟的单细胞的毛。由表皮细胞发育形成的单细胞种皮毛密被于种子表面,有长短两种类型,一般较长的称为"棉纤维(棉绒、皮

棉)",粗短的称为"棉短绒"。

长度在21～33毫米的棉纤维,由表皮细胞正常突出生长而成,是棉花生产的主要收获物,也是纺织工业的重要原料。棉纤维的主要成分是纤维素,占其干重的93%～95%,此外还有少量蜡质、胶质和灰分等。棉纤维大多为白色,也有深浅不同的棕色和绿色,直径约为17微米。

棉短绒是籽棉经轧花后留在棉籽表面的短纤维,其长度多在12毫米以下,是种子表皮细胞突出生长中途停止而形成的,是未正常发育的棉纤维细胞。棉短绒占种子重量的9%左右,短绒大多为灰白色,也有棕色或绿色短绒,其主要成分是纤维素,可用于纺织棉毯绒布、生产黏胶短纤维、制造高级纸张和无烟火药等,是重要的纺织和化工业原料。

棉花的根、茎、叶和种仁上都分布着多酚色素腺体,呈褐色或黑褐色小点,其主要成分是棉酚(gossypol)及其衍生物。棉酚对于哺乳动物及昆虫具有毒性,能增强棉花的抗性。棉酚由根系合成,在棉籽仁中含量最高。棉酚是一种多酚羟基双萘醛类化合物,具有较高的药用价值。

二、陆地棉遗传标准系"TM-1"

陆地棉种质"TM-1"是美国德州农业部南方平原农业研究中心作物种质资源研究室发放的陆地棉遗传标准系,其来源清晰,性状鉴定准确,并已完成了全基因组测序。"TM-1"作为国家种质资源观测实验项目(ZX01S1302,NAES-GR-046)鉴定棉花种质资源性状的参照种质系,本书收录的棉花种质资源,其特异性状的描述均与"TM-1"的典型性状相比较。因此,陆地棉遗传标准系"TM-1"可作为普通陆地棉的代表种质系。本小节主要介绍陆地棉遗传标准系"TM-1"的性状特征,将其作为普通陆地棉种质资源的典型生物学性状。

种质名称:TM-1

种质库编号:AM400390

种植圃编号:19A34

种质来源:美国

性状特征:中晚熟类型,株型塔形,果枝Ⅲ式,植株色素腺体多;茎色绿色,主茎硬度硬,茎秆茸毛多、茸毛长度中;叶片为阔叶,叶色深绿色,叶裂刻中、裂片5片,叶蜜腺1～3个,叶片茸毛中、茸毛长度中,有叶基斑;花喇叭形,花冠乳白色、花冠长度5.6厘米,花药乳白色,花丝乳白色,花柱长度短,无花瓣基斑,花萼波状,苞叶心形,苞齿数目9～11个,苞叶基部联合,有苞外蜜腺,苞叶宿生;铃单生,铃绿色、卵圆形,铃尖突出程度中,吐絮畅;单铃4室,每室种子数9粒;种子有色素腺体、毛籽,短绒白色,纤维白色。如图2-1—图2-18所示。

2018—2020年安庆点3年连续观测数据平均值:生育期135天;株高159.8厘米,第一果枝节位7.0节,单株果枝数21.0台、叶枝数2.1台,单株结铃38.1个;单铃重5.8克,衣分33.9%,子指13.6克;纤维上半部平均长度27.2毫米,长度整齐度84.2%,断裂比强度28.9厘牛/特克斯,断裂伸长率5.5%,马克隆值5.0。

图2-1　TM-1:根系

图2-2　TM-1:子叶平展

图2-3　TM-1:现真叶

图2-4　TM-1:棉苗

图2-5　TM-1:冠层

图2-6　TM-1:株行

图2-7　TM-1:茎

图2-8　TM-1:叶

图2-9 TM-1:叶柄

图2-10 TM-1:蕾

图2-11 TM-1:花(顶视图)

图2-12 TM-1:花(侧视图)

图2-13 TM-1:铃(青铃)

图2-14 TM-1:种子色素腺体

图2-15　TM-1:铃(成熟铃)

图2-16　TM-1:絮

图2-17　TM-1:纤维

图2-18　TM-1:种子

第二节　陆地棉优异性状种质资源

优异性状种质资源是在产量、品质和抗性等方面具有显著优势或突出优点的种质资源。优异性状种质资源或具有较好的产业应用前景,或具有潜在的育种价值,或特异性状易于直接利用等,是开展优良品种选育的重要物质基础。

本节介绍的42份棉花优异性状种质资源,包括2014—2017年参加安徽省短季棉品种试验(包括品种比较试验和区域试验)的短季棉新品系(或品种)9份,以及2018—2020年连续3年进行精准观测鉴定的优异性状种质资源33份。

在国家农业基础性长期性科技工作任务国家种质资源观测实验项目支持下,研究团队从安徽省棉花种质资源库中遴选出具有较为突出优异农艺性状的种质资源33份(包括选育品种和品系等),按照统一规范对其45项形态特征和生物学特性以及5项品质特性进行了观测鉴定,观测鉴定地点设在安徽省安庆市迎江区。观测鉴定结果显示,这33份种质资源性状表现覆盖范围广,其中:生育期108~121天,株高92.1~172.4厘米,第一果枝节位4.4~8.7节,单株结铃数16.3~50.9个,单铃重3.8~6.2克,衣分16.0%~42.7%,子指8.9~13.2克,纤维上半部平均长度18.1~30.6毫米,断裂比强度23.4~33.9厘牛/特克斯,断裂伸长率5.1%~7.0%,马克隆值2.7~5.9,具有较高的代表性。同时,涵盖了早熟、丰产、优质、高衣分、大铃、短果枝、低酚、黄叶、红叶、绿絮、棕絮等多种优良农艺性状,这些优良性状为棉花新品种选育提供了丰富的遗传基础,也可供遗传育种研究利用。

一、皖棉1331S

种质库编号: AM600255

选育单位: 安徽省农业科学院棉花研究所

种质来源: 安徽省短季棉品种区域试验

性状特征: 早熟短季棉,2014—2017年参加安徽省短季棉品种试验,平均生育期115天,皮棉产量1 125.6千克/公顷;株型塔形,株高90.2厘米,第一果枝节位6.5节,果枝Ⅲ式,单株果枝数9.8台,单株结铃12.7个;单铃重5.6克,衣分38.8%,子

指11.4克,衣指7.9克;纤维上半部平均长度32.0毫米,断裂比强度32.5厘牛/特克斯,马克隆值4.2;枯萎病指3.7、高抗枯萎病,黄萎病指32.9、耐黄萎病。如图2-19—图2-21所示。

图2-19 皖棉1331S:株行

图2-20 皖棉1331S:单株

图2-21 皖棉1331S:标准株

二、皖棉1462S

种质库编号：AM600311

选育单位：安徽省农业科学院棉花研究所

种质来源：安徽省短季棉品种区域试验

性状特征：早熟短季棉，2015—2016年参加安徽省短季棉品种试验，平均生育期120天，皮棉产量782.3千克/公顷；株型塔形，株高83.47厘米，第一果枝节位6.4节，果枝Ⅲ式，单株果枝数10.6台，单株结铃11.4个；单铃重5.3克，衣分36.6%，子指11.7克，衣指7.2克；纤维上半部平均长度31.6毫米，断裂比强度30.1厘牛/特克斯，马克隆值4.1；枯萎病指25.3、感枯萎病，黄萎病指45.9、感黄萎病。如图2-22—图2-25所示。

图2-22　皖棉1462S：株行

图2-23　皖棉1462S：冠层（开花期）

图2-24　皖棉1462S：单株

图2-25　皖棉1462S：标准株

三、皖棉1513S

种质库编号：AM101084

选育单位：安徽省农业科学院棉花研究所

种质来源：安徽省短季棉品种区域试验

性状特征：早熟短季棉，2015—2017年参加安徽省短季棉品种试验，平均生育期109天，皮棉产量1 021.5千克/公顷；株型塔形，株高80.0厘米，第一果枝节位5.8节，果枝Ⅲ式，单株果枝数12.5台，单株结铃12.6个；单铃重5.2克，衣分40.8%，子指11.0克，衣指8.4克；纤维上半部平均长度30.2毫米，断裂比强度30.7厘牛/特克斯，马克隆值5.0；枯萎病指5.8、抗枯萎病，黄萎病指44.2、感黄萎病。如图2-26、图2-27所示。

图2-26　皖棉1513S：单株

图2-27　皖棉1513S：标准株

四、中棉425

种质库编号：AM300100

选育单位：中国农业科学院棉花研究所

种质来源：安徽省短季棉品种区域试验

性状特征：早熟短季棉，2014—2017年参加安徽省短季棉品种试验，平均生育期112天，皮棉产量1 130.5千克/公顷；株型塔形，株高81.8厘米，第一果枝节位5.5节，果枝Ⅲ式，单株果枝数9.9台，单株结铃12.5个；单铃重5.5克，衣分39.7%，子指11.7克，衣指8.6克；纤维上半部平均长度29.5毫米，断裂比强度30.4厘牛/特克斯，马克隆值5.0；枯萎病指2.8、高抗枯萎病，黄萎病指33.2、耐黄萎病。如图2-28—图2-31所示。

图2-28　中棉425：开花期

图2-29　中棉425：株行

图2-30　中棉425：单株

图2-31　中棉425：标准株

五、短果枝棉2号

种质库编号：AM600471

选育单位：淮北市黄淮海低酚棉开发研究中心

种质来源：安徽省短季棉品种区域试验

性状特征：早熟短季棉，2014—2017年参加安徽省短季棉品种试验，平均生育期109天，皮棉产量1 279.6千克/公顷；株型筒形，株高98.9厘米，第一果枝节位5.1节，果枝Ⅱ式，单株果枝数11.5台，单株结铃12.8个；单铃重5.9克，衣分40.3%，子指11.4克，衣指7.8克；纤维上半部平均长度31.3毫米，断裂比强度33.9厘牛/特克斯，马克隆值5.0；枯萎病指12.4、耐枯萎病，黄萎病指39.0、感黄萎病。如图2-32—图2-35所示。

图2-32　短果枝棉2号：苗期

图2-33　短果枝棉2号：棉铃

图2-34　短果枝棉2号：单株

图2-35　短果枝棉2号：标准株

六、安棉早8号

种质库编号：AM600411

选育单位：安徽农业大学农学院

种质来源：安徽省短季棉品种比较试验

性状特征：早熟短季棉，2014年参加安徽省短季棉品种试验，平均生育期106天，皮棉产量1 170.0千克/公顷；株型筒形，单铃重4.8克，衣分40.0%；纤维上半部平均长度26.5毫米，断裂比强度28.3厘牛/特克斯，马克隆值5.3；枯萎病指28.2、感枯萎病，黄萎病指42.4、感黄萎病。如图2-36—图2-39所示。

图2-36 安棉早8号：株行

图2-37 安棉早8号：苗期

图2-38 安棉早8号：花铃期

图2-39 安棉早8号：标准株

七、鲁54

种质库编号：AM600671

选育单位：山东棉花研究中心

种质来源：安徽省短季棉品种比较试验

性状特征：早熟短季棉，2014年参加安徽省短季棉品种试验，平均生育期108天，皮棉产量1 000.5千克/公顷；株型塔形，果枝Ⅲ式，单铃重5.3克，衣分42.6%；纤维上半部平均长度27.9毫米，断裂比强度27.4厘牛/特克斯，马克隆值4.8；枯萎病指13.6、耐枯萎病，黄萎病指46.4、感黄萎病。如图2-40—图2-42所示。

图2-40　鲁54：株行

图2-41　鲁54：单株

图2-42　鲁54：标准株

八、夏早4号

种质库编号：AM600782

选育单位：国家半干旱农业工程技术研究中心

种质来源：安徽省短季棉品种比较试验

性状特征：早熟短季棉，2014年参加安徽省短季棉品种试验，平均生育期106天，皮棉产量1 188.0千克/公顷；株型塔形，果枝Ⅲ式，单铃重4.8克，衣分40.1%，纤维上半部平均长度27.3毫米，断裂比强度28.0厘牛/特克斯，马克隆值5.3；枯萎病指28.2、感枯萎病，黄萎病指38.2、感黄萎病。如图2-43—图2-45所示。

图2-43 夏早4号：株行

图2-44 夏早4号：单株

图2-45 夏早4号：标准株

九、皖棉1516S

种质库编号: AM600176

选育单位: 安徽省农业科学院棉花研究所

种质来源: 安徽省短季棉品种比较试验

性状特征: 早熟短季棉,2015年参加安徽省短季棉品种试验,平均生育期112天,皮棉产量1 053.0千克/公顷;株型塔形,果枝Ⅲ式,单铃重5.6克,衣分40.2%;纤维上半部平均长度31.3毫米,断裂比强度31.1厘牛/特克斯,马克隆值4.8;枯萎病指10.3、感枯萎病,黄萎病指40.3、感黄萎病。如图2-46—图2-48所示。

图2-46 皖棉1516S:株行

图2-47 皖棉1516S:单株

图2-48 皖棉1516S:标准株

十、皖棉17号

种质库编号：AM101640

种植圃编号：19A01

种质来源：安徽安庆（皖棉87B2／中棉12）

性状特征：中熟类型，株型塔形，果枝Ⅲ式，植株色素腺体中；茎色日光红色，主茎硬度中，茎秆茸毛中、茸毛长度中；叶片掌状，叶色绿色，叶裂刻中、裂片5片，叶蜜腺1个，叶片茸毛中、茸毛长度中，有叶基斑；花喇叭形，花冠乳白色、花冠长度5.4厘米，花药乳白色，花丝乳白色，花柱长度中，无花瓣基斑，花萼波状，苞叶心形，苞齿数目13～15个，苞叶基部联合，有苞外蜜腺，苞叶宿生；铃单生，铃红绿色、卵圆形，铃尖突出程度弱，吐絮畅；单铃4～5室，每室种子数9粒；种子有色素腺体、毛籽，短绒白色，纤维白色。

2018—2020年安庆点3年连续观测数据平均值：生育期114天；株高125.2厘米，第一果枝节位6.3节，单株果枝数20.2台、叶枝数2.1台，单株结铃41.9个；单铃重5.0克，衣分38.6%，子指9.6克；纤维上半部平均长度29.0毫米，长度整齐度80.4%，断裂比强度28.3厘牛/特克斯，断裂伸长率6.8%，马克隆值4.3。如图2-49—图2-54所示。

图2-49　皖棉17号：子叶

图2-50　皖棉17号：棉苗

图2-51　皖棉17号：冠层

图 2-52　皖棉 17 号：花（顶视图）

图 2-53　皖棉 17 号：花（侧视图）

图 2-54　皖棉 17 号：株行

十一、皖棉 09A33

种质库编号：AM101630

种植圃编号：19A02

种质来源：安徽安庆（豫棉 2067 / sGK9708-41 // 豫棉 2067）

性状特征：中早熟类型，株型塔形，果枝Ⅲ式，植株色素腺体中；茎色日光红色，主茎硬度中，茎秆茸毛中、茸毛长度长；叶片掌状，叶色绿色，叶裂刻浅、裂片 5 片，叶蜜腺 1 个，叶片茸毛中、茸毛长度长，有叶基斑；花喇叭形，花冠乳白色、花冠长度 5.2 厘米，花药乳白色，花丝乳白色，花柱长度长，无花瓣基斑，花萼波状，苞叶心形，苞齿数目 9～11 个，苞叶基部联合，有苞外蜜腺，苞叶宿生；铃单生，铃红绿色、卵圆形，铃尖突出程度中，吐絮中；单铃 4～5 室，每室种子数 7 粒；种子有色素腺体、毛籽，短绒白色，纤维白色。

2018—2020 年安庆点 3 年连续观测数据平均值：生育期 114 天；株高 151.2 厘

米,第一果枝节位6.9节,单株果枝数22.1台、叶枝数2.1台,单株结铃35.5个;单铃重5克,衣分39.7%,子指8.9克;纤维上半部平均长度28.1毫米,长度整齐度82.1%,断裂比强度28.4厘牛/特克斯,断裂伸长率6.6%,马克隆值4.4。如图2-55—图2-60所示。

图2-55　皖棉09A33:子叶

图2-56　皖棉09A33:棉苗

图2-57　皖棉09A33:冠层

图2-58　皖棉09A33:花(顶视图)

图2-59　皖棉09A33:花(侧视图)

图2-60　皖棉09A33:株行

十二、皖棉4D27

种质库编号：AM800461

种植圃编号：19A03

种质来源：安徽安庆［"鄂杂棉9号"（荆038／荆66002）］

性状特征：中熟类型，株型塔形，果枝Ⅲ式，植株色素腺体中；茎色日光红色，主茎硬度中，茎秆茸毛中、茸毛长度中；叶片掌状，叶色绿色，叶裂刻中、裂片5片，叶蜜腺1～3个，叶片茸毛中、茸毛长度中，有叶基斑；花喇叭形，花冠乳白色、花冠长度5.5厘米，花药乳白色，花丝乳白色，花柱长度中，无花瓣基斑，花萼波状，苞叶心形，苞齿数目13～15个，苞叶基部联合，有苞外蜜腺，苞叶宿生；铃单生，铃红绿色、卵圆形，铃尖突出程度中，吐絮畅；单铃4～5室，每室种子数9粒；种子有色素腺体、毛籽，短绒白色，纤维白色。

2018—2020年安庆点3年连续观测数据平均值：生育期119天；株高150.4厘米，第一果枝节位6.7节，单株果枝数22.3台、叶枝数2.4台，单株结铃36.6个；单铃重6.0克，衣分42.0%，子指10.1克；纤维上半部平均长度27.8毫米，长度整齐度80.8%，断裂比强度27.0厘牛/特克斯，断裂伸长率6.4%，马克隆值4.8。如图2-61—图2-66所示。

图2-61　皖棉4D27：子叶

图2-62　皖棉4D27：棉苗

图2-63　皖棉4D27：冠层

图2-64　皖棉4D27：花（顶视图）

图2-65　皖棉4D27:花(侧视图)

图2-66　皖棉4D27:株行

十三、皖棉RHM6

种质库编号:AM100910

种植圃编号:19A04

种质来源:安徽安庆(邯885/DP410)

性状特征:中熟类型,株型塔形,果枝Ⅱ式,植株色素腺体中;茎色日光红色,主茎硬度硬,茎秆茸毛中、茸毛长度中;叶片掌状,叶色绿色,叶裂刻中、裂片5片,叶蜜腺1~3个,叶片茸毛中、茸毛长度中,有叶基斑;花喇叭形,花冠乳白色、花冠长度5.5厘米,花药乳白色,花丝乳白色,花柱长度中,无花瓣基斑,花萼波状,苞叶心形,苞齿数目9~11个,苞叶基部联合,无苞外蜜腺,苞叶宿生;铃单生,铃红绿色、卵圆形,铃尖突出程度中,吐絮畅;单铃4~5室,每室种子数9粒;种子有色素腺体、毛籽,短绒白色,纤维白色。

2018—2020年安庆点3年连续观测数据平均值:生育期114天;株高135.3厘米,第一果枝节位6.1节,单株果枝数21.6台、叶枝数2.5台,单株结铃34.3个;单铃重5.3克,衣分38.5%,子指10.3克;纤维上半部平均长度29.6毫米,长度整齐度

81.1%，断裂比强度30.8厘牛/特克斯，断裂伸长率6.4%，马克隆值5.2。如图2-67—图2-72所示。

图2-67　皖棉RHM6：子叶

图2-68　皖棉RHM6：棉苗

图2-69　皖棉RHM6：冠层

图2-70　皖棉RHM6：花（顶视图）

图2-71　皖棉RHM6：花（侧视图）

图2-72　皖棉RHM6：株行

十四、皖棉JY821

种质库编号：AM100710

种植圃编号：19A05

种质来源：安徽安庆［"稼元216"（安20／安58）］

性状特征：中熟类型，株型塔形，果枝Ⅳ式，植株色素腺体中；茎色日光红色，主茎硬度中，茎秆茸毛少、茸毛长度中；叶片掌状，叶色绿色、叶裂刻中、裂片5片，叶蜜腺1个，叶片茸毛少、茸毛长度中，有叶基斑；花喇叭形，花冠乳白色、花冠长度5.5厘米，花药乳白色，花丝乳白色、花柱长度短，无花瓣基斑，花萼波状，苞叶心形，苞齿数目13～15个，苞叶基部联合，有苞外蜜腺，苞叶宿生；铃单生，铃红绿色、卵圆形，铃尖突出程度中，吐絮畅；单铃4～5室，每室种子数9粒；种子有色素腺体、毛籽，短绒白色，纤维白色。

2018—2020年安庆点3年连续观测数据平均值：生育期115天；株高142.0厘米，第一果枝节位6.2节，单株果枝数21.6台、叶枝数2.5台，单株结铃39.6个；单铃重5.1克，衣分42.7%，子指10.1克；纤维上半部平均长度27.1毫米，长度整齐度82.3%，断裂比强度26.8厘牛/特克斯，断裂伸长率5.9%，马克隆值5.2。如图2-73—图2-78所示。

图2-73 皖棉JY821：子叶

图2-74 皖棉JY821：棉苗

图2-75 皖棉JY821：冠层

图 2-76 皖棉 JY821:花(顶视图)

图 2-77 皖棉 JY821:花(侧视图)

图 2-78 皖棉 JY821:株行

十五、皖棉 TL07R

种质库编号:AM100940

种植圃编号:19A06

种质来源:安徽安庆(荆 55173 / sGK321)

性状特征:中熟类型,株型塔形,果枝Ⅲ式,植株色素腺体中;茎色日光红色,主茎硬度中,茎秆茸毛少、茸毛长度中;叶片掌状,叶色绿色,叶裂刻中、裂片 5 片,叶蜜腺 1~3 个,叶片茸毛少、茸毛长度中,有叶基斑;花喇叭形,花冠乳白色,花冠长度5.6厘米,花药黄色,花丝乳白色,花柱长度中,无花瓣基斑,花萼波状,苞叶心形,苞齿数目 13~15 个,苞叶

图 2-79 皖棉 TL07R:子叶

图 2-80 皖棉 TL07R:棉苗

基部不联合，有苞外蜜腺，苞叶宿生；铃单生，铃红绿色、卵圆形，铃尖突出程度中，吐絮畅；单铃4～5室，每室种子数9粒；种子有色素腺体、毛籽，短绒白色，纤维白色。

2018—2020年安庆点3年连续观测数据平均值：生育期115天；株高145.3厘米，第一果枝节位7.0节，单株果枝数21.3台、叶枝数2.2台，单株结铃25.0个；单铃重5.4克，衣分36.9%，子指12.3克；纤维上半部平均长度26.5毫米，长度整齐度83.2%，断裂比强度27.9厘牛/特克斯，断裂伸长率5.9%，马克隆值4.9。如图2-79—图2-85所示。

图2-81　皖棉TL07R：冠层

图2-82　皖棉TL07R：苞叶基部不联合

图2-83　皖棉TL07R：花（顶视图）

图2-84　皖棉TL07R：花（侧视图）

图2-85　皖棉TL07R：株行

十六、皖棉QY101

种质库编号：AM100870

种植圃编号：19A07

种质来源：安徽安庆［"茎银棉3号"（QY-4123 / QY-1241）］

性状特征：中熟类型，株型塔形，果枝Ⅲ式，植株色素腺体中；茎色日光红色，主茎硬度中，茎秆茸毛少、茸毛长度中；叶片掌状，叶色绿色，叶裂刻中、裂片5片，叶蜜腺1个，叶片茸毛少、茸毛长度中，有叶基斑；花喇叭形，花冠乳白色、花冠长度5.5厘米，花药乳白色，花丝乳白色，花柱长度中，无花瓣基斑，花萼波状，苞叶心形，苞齿数目13～15个，苞叶基部联合，有苞外蜜腺，苞叶宿生；铃单生，铃红绿色、卵圆形，铃尖突出程度中，吐絮畅；单铃4～5室，每室种子数9粒；种子有色素腺体、毛籽，短绒白色，纤维白色。

2018—2020年安庆点3年连续观测数据平均值：生育期115天；株高150.5厘米，第一果枝节位7.1节，单株果枝数22.7台、叶枝数2.5台，单株结铃32.8个；单铃重5.3克，衣分40.7%，子指10.1克；纤维上半部平均长度26.4毫米，长度整齐度83.5%，断裂比强度26.1厘牛/特克斯，断裂伸长率6.0%，马克隆值5.1。如图2-86—图2-91所示。

图2-86　皖棉QY101：子叶

图2-87　皖棉QY101：棉苗

图2-88　皖棉QY101：冠层

图2-89　皖棉QY101：花（顶视图）

图2-90 皖棉QY101:花(侧视图)

图2-91 皖棉QY101:株行

十七、皖棉TL07W

种质库编号:AM100950

种植圃编号:19A08

种质来源:安徽安庆(荆55173 / sGK321)

性状特征:中熟类型,株型塔形,果枝Ⅲ式,植株色素腺体中;茎色日光红色,主茎硬度中,茎秆茸毛少、茸毛长度中;叶片掌状,叶色绿色,叶裂刻浅、裂片5片,叶蜜腺1~3个,叶片茸毛少、茸毛长度中,有叶基斑;花喇叭形,花冠乳白色、花冠长度5.3厘米,花药乳白色,花丝乳白色,花柱长度中,无花瓣基斑,花萼波状,苞叶心形,苞齿数目13~15个,苞叶基部联合,有苞外蜜腺,苞叶宿生;铃单生,铃红绿色、卵圆形,铃尖突出程度中,吐絮畅;单铃4~5室,每室种子数9粒;种子有色素腺体、毛籽,短绒白色,纤维白色。

2018—2020年安庆点3年连续观测数据平均值:生育期114天;株高151.1厘米,第一果枝节位6.4节,单株果枝数22.9台、叶枝数2.2台,单株结铃33.4个;单铃重4.6克,衣分39.8%,子指10.7克;纤维上半部平均长度29.2毫米,长度整齐度82.5%,断裂比强度28.9厘牛/特克斯,断裂伸长率6.0%,马克隆值4.5。如图2-92—图2-97所示。

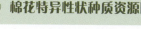

图 2-92　皖棉 TL07W：子叶

图 2-93　皖棉 TL07W：棉苗

图 2-94　皖棉 TL07W：冠层

图 2-95　皖棉 TL07W：花（顶视图）

图 2-96　皖棉 TL07W：花（侧视图）

图 2-97　皖棉 TL07W：株行

十八、皖棉QM10

种质库编号：AM100860

种植圃编号：19A09

种质来源：安徽安庆（邯305／DP410B）

性状特征：中熟类型，株型塔形，果枝Ⅳ式，植株色素腺体中；茎色日光红色，主茎硬度中，茎秆茸毛中、茸毛长度中；叶片掌状，叶色绿色，叶裂刻中、裂片5片，叶蜜腺1个，叶片茸毛中、茸毛长度中，有叶基斑；花喇叭形，花冠乳白色、花冠长度5.9厘米，花药乳白色，花丝乳白色，花柱长度中，无花瓣基斑，花萼波状，苞叶心形，苞齿数目9～11个，苞叶基部联合，有苞外蜜腺，苞叶宿生；铃单生，铃红绿色、卵圆形，铃尖突出程度中，吐絮畅；单铃4～5室，每室种子数9粒；种子有色素腺体、毛籽，短绒白色，纤维白色。

2018—2020年安庆点3年连续观测数据平均值：生育期113天；株高141.1厘米，第一果枝节位7.2节，单株果枝数21.5台、叶枝数2.2台，单株结铃41.3个；单铃重5.4克，衣分37.4%，子指11.5克；纤维上半部平均长度29.6毫米，长度整齐度81.0%，断裂比强度29.4厘牛/特克斯，断裂伸长率5.9%，马克隆值4.8。如图2-98—图2-103所示。

图2-98　皖棉QM10：子叶

图2-99　皖棉QM10：棉苗

图2-100　皖棉QM10：冠层

图2-101　皖棉QM10：花（顶视图）

图 2-102　皖棉 QM10:花(侧视图)

图 2-103　皖棉 QM10:株行

十九、皖棉 LHM9

种质库编号:AM100770

种植圃编号:19A10

种质来源:安徽安庆(邯 7860 / DP410B)

性状特征:中熟类型,株型塔形,果枝Ⅲ式,植株色素腺体中;茎色日光红色,主茎硬度硬,茎秆茸毛少、茸毛长度中;叶片掌状,叶色深绿色,叶裂刻深、裂片 5 片,叶蜜腺 1 个,叶片茸毛少、茸毛长度中,有叶基斑;花喇叭形,花冠乳白色、花冠长度5.3 厘米,花药乳白色,花丝乳白色,花柱长度中,无花瓣基斑,花萼波状,苞叶心形,苞齿数目 9～11 个,苞叶基部联合,有苞外蜜腺,苞叶宿生;铃单生,铃红绿色、卵圆形,铃尖突出程度中,吐絮畅;单铃 4～5 室,每室种子数 9 粒;种子有色素腺体、毛籽,短绒白色,纤维白色。

2018—2020 年安庆点 3 年连续观测数据平均值:生育期 114 天;株高 144.9 厘米,第一果枝节位 5.5 节,单株果枝数 21.8 台、叶枝数 1.8 台,单株结铃 40.0 个;单铃重 5.2 克,衣分 37.2%,子指 11.2 克;纤维上半部平均长度 28.8 毫米,长度整齐度80.1%,断裂比强度 27.5 厘牛/特克斯,断裂伸长率 6.0%,马克隆值 4.9。如图 2-104—图 2-109 所示。

图2-104 皖棉LHM9:子叶

图2-105 皖棉LHM9:棉苗

图2-106 皖棉LHM9:冠层

图2-107 皖棉LHM9:花(顶视图)

图2-108 皖棉LHM9:花(侧视图)

图2-109 皖棉LHM9:株行

二十、皖棉FM3

种质库编号：AM100601

种植圃编号：19A11

种质来源：安徽安庆［"同杂棉8号"（T854／C01-63）］

性状特征：中熟类型，株型塔形，果枝Ⅱ式，植株色素腺体中；茎色日光红色，主茎硬度中，茎秆茸毛少、茸毛长度中；叶片掌状，叶色绿色，叶裂刻中、裂片5片，叶蜜腺1个，叶片茸毛少、茸毛长度中，有叶基斑；花喇叭形，花冠乳白色、花冠长度5.4厘米，花药乳白色，花丝乳白色，花柱长度中，无花瓣基斑，花萼波状，苞叶心形，苞齿数目13～15个，苞叶基部联合，有苞外蜜腺，苞叶宿生；铃单生，铃红绿色、卵圆形，铃尖突出程度弱，吐絮畅；单铃4～5室，每室种子数9粒；种子有色素腺体、毛籽，短绒白色，纤维白色。

2018—2020年安庆点3年连续观测数据平均值：生育期114天；株高139.4厘米，第一果枝节位6.0节，单株果枝数20.9台、叶枝数1.9台，单株结铃30.5个；单铃重5.4克，衣分40.2%，子指10.1克；纤维上半部平均长度28.6毫米，长度整齐度80.3%，断裂比强度29.7厘牛/特克斯，断裂伸长率6.3%，马克隆值5.1。如图2-110—图2-115所示。

图2-110 皖棉FM3：子叶

图2-111 皖棉FM3：棉苗

图2-112 皖棉FM3：冠层

图2-113　皖棉FM3:花(顶视图)

图2-114　皖棉FM3:花(侧视图)

图2-115　皖棉FM3:株行

二十一、皖棉LGP-2R

　　种质库编号:AM100760

　　种植圃编号:19A12

　　种质来源:安徽安庆(鄂抗6号 / 湘杂棉5号)

　　性状特征:中熟类型,株型塔形,果枝Ⅲ式,植株色素腺体中;茎色日光红色,主茎硬度中,茎秆无茸毛;叶片阔叶,叶色绿色,叶裂刻浅、裂片5片,叶蜜腺1~3个,叶片无茸毛,有叶基斑;花喇叭形,花冠乳白色、花冠长度5.6厘米,花药乳白色,花丝乳白色,花柱长度短,无花瓣基斑,花萼波状,苞叶心形,苞齿数目13~15个,苞叶基部联合,有苞外蜜腺,苞叶宿生;铃单生,铃红绿色、卵圆形,铃尖突出程度中,吐絮畅;单铃4~5室,每室种子数9粒;种子有色素腺体、毛籽,短绒灰白色,纤维白色。

　　2018—2020年安庆点3年连续观测数据平均值:生育期113天;株高154.2厘米,第一果枝节位5.0节,单株果枝数22.6台、叶枝数2.2台,单株结铃50.9个;单铃重5.2克,衣分42.2%,子指9.8克;纤维上半部平均长度28.1毫米,长度整齐度

80.9%,断裂比强度27.2厘牛/特克斯,断裂伸长率6.1%,马克隆值5.1。如图2-116
—图2-121所示。

图2-116 皖棉LGP-2R:子叶

图2-117 皖棉LGP-2R:棉苗

图2-118 皖棉LGP-2R:冠层

图2-119 皖棉LGP-2R:花(顶视图)

图2-120 皖棉LGP-2R:花(侧视图)

图2-121 皖棉LGP-2R:株行

二十二、皖棉M133

种质库编号：AM101610

种植圃编号：19A13

种质来源：安徽安庆（荆4055／徐州184）

性状特征：中熟类型，株型塔形，果枝Ⅱ式，植株色素腺体中；茎色日光红色，主茎硬度中，茎秆无茸毛；叶片掌状，叶色绿色，叶裂刻中、裂片5片，叶蜜腺1个，叶片无茸毛，有叶基斑；花喇叭形，花冠乳白色、花冠长度5.4厘米，花药乳白色，花丝乳白色，花柱长度短，无花瓣基斑，花萼波状，苞叶心形，苞齿数目13～15个，苞叶基部联合，有苞外蜜腺，苞叶宿生；铃单生，铃红绿色、卵圆形，铃尖突出程度中，吐絮畅；单铃4～5室，每室种子数9粒；种子有色素腺体、毛籽，短绒灰白色，纤维白色。

2018—2020年安庆点3年连续观测数据平均值：生育期113天；株高145.5厘米，第一果枝节位5.8节，单株果枝数20.9台、叶枝数1.9台，单株结铃28.2个；单铃重5.5克，衣分42.7%，子指10.2克；纤维上半部平均长度28.0毫米，长度整齐度83.3%，断裂比强度26.2厘牛/特克斯，断裂伸长率6.0%，马克隆值4.2。如图2-122—图2-127所示。

图2-122　皖棉M133：子叶

图2-123　皖棉M133：棉苗

图2-124　皖棉M133：冠层

图2-125　皖棉M133：花(顶视图)

图2-126　皖棉M133：花(侧视图)

图2-127　皖棉M133：株行

二十三、皖棉7581-168

种质库编号：AM750120

种植圃编号：19A14

种质来源：安徽安庆(皖75-81/皖棉168)

性状特征：中熟类型，株型筒形，果枝Ⅰ式，植株无色素腺体；茎色绿色，主茎硬度硬，茎秆茸毛多、茸毛长度长；叶片掌状，叶色浅绿色，叶裂刻中，裂片5片，叶蜜腺1个，叶片茸毛多、茸毛长度长，有叶基斑；花喇叭形，花冠乳白色、花冠长度5.6厘米，花药乳白色，花丝乳白色，花柱长度中，无花瓣基斑，花萼波状，苞叶心形，苞齿数目13~15个，苞叶基部联合，有苞外蜜腺，苞叶宿生；铃丛生，铃绿色、圆锥形，无铃尖突出，吐絮紧；单铃4室，

图2-128　皖棉7581-168：子叶

每室种子数 7 粒；种子无色素腺体、毛籽，短绒白色，纤维白色。

2018—2020年安庆点 3 年连续观测数据平均值：生育期 113 天；株高 154.9 厘米，第一果枝节位 4.4 节，单株果枝数 24.8 台、叶枝数 1.7 台，单株结铃 24.9 个；单铃重 5.5 克，衣分 39.0%，子指 12.3 克；纤维上半部平均长度 30.6 毫米，长度整齐度 81.2%，断裂比强度 30.8 厘牛/特克斯，断裂伸长率 6.3%，马克隆值 5.4。如图 2-128—图 2-135 所示。

图 2-129　皖棉 7581-168：棉苗

图 2-130　皖棉 7581-168：冠层

图 2-132　皖棉 7581-168：花（顶视图）

图 2-133　皖棉 7581-168：花（侧视图）

图 2-131　皖棉 7581-168：主茎

图2-134　皖棉7581-168：单株

图2-135　皖棉7581-168：株行

二十四、皖棉X2013N

种质库编号：AM101080

种植圃编号：19A15

种质来源：安徽安庆（湘杂棉5号/鄂抗6号）

性状特征：中熟类型，株型塔形，果枝Ⅲ式，植株色素腺体中；茎色日光红色，主茎硬度中，茎秆茸毛少、茸毛长度中；叶片掌状，叶色绿色，叶裂刻中、裂片5片，叶蜜腺1个，叶片茸毛少、茸毛长度中，有叶基斑；花喇叭形，花冠乳白色、花冠长度5.5厘米，花药乳白色，花丝乳白色，花柱长度中，无花瓣基斑，花萼波状，苞叶心形，苞齿数目13～15个，苞叶基部联合，有苞外蜜腺，苞叶宿生；铃单生，铃红绿色、卵圆形，铃尖突出程度中，吐絮畅；单铃4～5室，每室种子数9粒；种子有色素腺体、毛籽，短绒灰白色，纤维白色。

2018—2020年安庆点3年连续观测数据平均值：生育期113天；株高152.3厘米，第一果枝节位6.2节，单株果枝数23.6台、叶枝数2.4台，单株结铃47.1个；单铃重5.2克，衣分39.9%，子指9.4克；纤维上半部平均长度27.9毫米，长度整齐度81.8%，断裂比强度26.9厘牛/特克斯，断裂伸长率6.0%，马克隆值4.9。如图2-136—图2-141所示。

图 2-136 皖棉 X2013N：子叶

图 2-137 皖棉 X2013N：棉苗

图 2-138 皖棉 X2013N：冠层

图 2-139 皖棉 X2013N：花（顶视图）

图 2-140 皖棉 X2013N：花（侧视图）

图 2-141 皖棉 X2013N：株行

二十五、皖棉8SP1-11

种质库编号: AM100180

种植圃编号: 19A16

种质来源: 安徽安庆(鄂抗6号/泗棉3号)

性状特征: 中熟类型,株型塔形,果枝Ⅲ式,植株色素腺体中;茎色日光红色,主茎硬度中,茎秆茸毛少、茸毛长度中;叶片掌状,叶色深绿色,叶裂刻中、裂片5片,叶蜜腺1个,叶片茸毛少、茸毛长度中,有叶基斑;花喇叭形,花冠乳白色、花冠长度5.5厘米,花药乳白色,花丝乳白色,花柱长度中,无花瓣基斑,花萼波状,苞叶心形,苞齿数目13~15个,苞叶基部联合,有苞外蜜腺,苞叶宿生;铃单生,铃红绿色、卵圆形,铃尖突出程度中,吐絮畅;单铃4~5室,每室种子数9粒;种子有色素腺体、毛籽,短绒灰白色,纤维白色。

2018—2020年安庆点3年连续观测数据平均值:生育期119天;株高135.8厘米,第一果枝节位7.5节,单株果枝数20.4台、叶枝数2.0台,单株结铃33.0个;单铃重5.5克,衣分42.7%,子指10.9克;纤维上半部平均长度27.2毫米,长度整齐度82.5%,断裂比强度27.3厘牛/特克斯,断裂伸长率5.9%,马克隆值5.4。如图2-142—图2-147所示。

图2-142　皖棉8SP1-11:子叶

图2-143　皖棉8SP1-11:棉苗

图2-144　皖棉8SP1-11:冠层

图2-145　皖棉8SP1-11:花(顶视图)

图2-146　皖棉8SP1-11:花(侧视图)

图2-147　皖棉8SP1-11:株行

二十六、皖棉EZ10

种质库编号:AM800930

种植圃编号:19A17

种质来源:安徽安庆["鄂杂棉10号"(太96167 / GK19系选太D-3)]

性状特征:中熟类型,株型塔形,果枝Ⅲ式,植株色素腺体中;茎色日光红色,主茎硬度中,茎秆茸毛少、茸毛长度中;叶片阔叶,叶色浅绿色,叶裂刻浅、裂片5片,叶蜜腺1个,叶片茸毛少、茸毛长度中,有叶基斑;花喇叭形,花冠乳白色、花冠长度5.6厘米,花药乳白色,花丝乳白色,花柱长度中,无花瓣基斑,花萼波状,苞叶心形,苞齿数目13～15个,苞叶基部联合,无苞外蜜腺,苞叶宿生;铃单生,铃红绿色、卵圆形,铃尖突出程度中,吐絮畅;单铃4～5室,每室种子数9粒;种子有色素腺体、毛籽,短绒灰白色,纤维白色。

2018—2020年安庆点3年连续观测数据平均值:生育期118天;株高142.6厘米,第一果枝节位6.2节,单株果枝数21.0台、叶枝数2.4台,单株结铃37.7个;单铃

重4.9克,衣分40.4%,子指9.4克;纤维上半部平均长度29.6毫米,长度整齐度
80.1%,断裂比强度29.3厘牛/特克斯,断裂伸长率6.3%,马克隆值4.3。如图2-148
—图2-153所示。

图 2-148　皖棉 EZ10:子叶

图 2-149　皖棉 EZ10:棉苗

图 2-150　皖棉 EZ10:冠层

图 2-151　皖棉 EZ10:花(顶视图)

图 2-152　皖棉 EZ10:花(侧视图)

图 2-153　皖棉 EZ10:株行

二十七、皖棉3C18

种质库编号：AM101550

种植圃编号：19A18

种质来源：安徽安庆（荆55173／豫棉2067）

性状特征：中早熟类型，株型塔形，果枝Ⅲ式，植株色素腺体中；茎色日光红色，主茎硬度软，茎秆茸毛少、茸毛长度中；叶片掌状，叶色绿色，叶裂刻中、裂片5片，叶蜜腺1个，叶片茸毛少、茸毛长度中，有叶基斑；花喇叭形，花冠乳白色、花冠长度5.5厘米，花药乳白色，花丝乳白色，花柱长度中，无花瓣基斑，花萼波状，苞叶心形，苞齿数目13～15个，苞叶基部联合，有苞外蜜腺，苞叶宿生；铃单生，铃红绿色、卵圆形，铃尖突出程度中，吐絮畅；单铃4～5室，每室种子数9粒；种子有色素腺体、毛籽，短绒灰白色，纤维白色。

2018—2020年安庆点3年连续观测数据平均值：生育期114天；株高148.1厘米，第一果枝节位6.9节，单株果枝数23.8台、叶枝数2.2台，单株结铃37.4个；单铃重5.1克，衣分41.5%，子指10.4克；纤维上半部平均长度29.3毫米，长度整齐度82.0%，断裂比强度29.9厘牛/特克斯，断裂伸长率6.3%，马克隆值5.0。如图2-154—图2-159所示。

图2-154　皖棉3C18：子叶

图2-155　皖棉3C18：棉苗

图2-156　皖棉3C18：冠层

图 2-157　皖棉 3C18:花(顶视图)

图 2-158　皖棉 3C18:花(侧视图)

图 2-159　皖棉 3C18:株行

二十八、皖棉 9N2

种质库编号:AM100260

种植圃编号:19A19

种质来源:安徽安庆(荆棉 3517 / DP410B)

性状特征:晚熟类型,株型塔形,果枝Ⅲ式,植株色素腺体中;茎色日光红色,主茎硬度中,茎秆茸毛少、茸毛长度中;叶片掌状,叶色绿色,叶裂刻中、裂片 5 片,叶蜜腺 1~3 个,叶片茸毛少、茸毛长度中,有叶基斑;花喇叭形,花冠乳白色、花冠长度 5 厘米,花药乳白色,花丝乳白色,花柱长度中,无花瓣基斑,花萼波状,苞叶心形,苞齿数目 13~15 个,苞叶基部联合,有苞外蜜腺,苞叶宿生;铃单生,铃红绿色、卵圆形,铃尖突出程度中,吐絮畅;单铃 4~5 室,每室种子数 9 粒;种子有色素腺体、毛籽,短绒白色,纤维白色。

2018—2020 年安庆点 3 年连续观测数据平均值:生育期 119 天;株高 172.4 厘米,第一果枝节位 6.5 节,单株果枝数 22.3 台、叶枝数 2.3 台,单株结铃 27.8 个;单铃重 6.2 克, 衣分 41.8%, 子指 12.1 克; 纤维上半部平均长度 26.2 毫米, 长度整齐度 82.4%, 断裂比强度 24.5 厘牛/特克斯, 断裂伸长率 6.1%, 马克隆值 4.9。如图 2-160 —图 2-165 所示。

图 2-160　皖棉 9N2:子叶

图 2-161　皖棉 9N2:棉苗

图 2-162　皖棉 9N2:冠层

图 2-163　皖棉 9N2:花(顶视图)

图 2-164　皖棉 9N2:花(侧视图)

图 2-165　皖棉 9N2:株行

二十九、皖棉7581

种质库编号：AM750150

种植圃编号：19A20

种质来源：安徽安庆（皖棉73-10 / 67-302）

性状特征：中早熟类型，株型筒形，果枝Ⅰ式，植株色素腺体多；茎色绿色，主茎硬度硬，茎秆茸毛中、茸毛长度中；叶片掌状，叶色深绿色，叶裂刻中、裂片5片，叶蜜腺1～3个，叶片茸毛中、茸毛长度中，有叶基斑；花喇叭形，花冠乳白色、花冠长度5.3厘米，花药乳白色，花丝乳白色，花柱长度中，无花瓣基斑，花萼波状，苞叶心形，苞齿数目13～15个，苞叶基部联合，有苞外蜜腺，苞叶宿生；铃丛生，铃绿色、卵圆形，铃尖突出程度中，吐絮中；单铃3～4室，每室种子数7粒；种子有色素腺体、毛籽，短绒白色，纤维白色。

2018—2020年安庆点3年连续观测数据平均值：生育期109天；株高132.1厘米，第一果枝节位4.9节，单株果枝数23.7台、叶枝数1.7台，单株结铃22.6个；单铃重5.3克，衣分36.3%，子指11.7克；纤维上半部平均长度27.2毫米，长度整齐度80.9%，断裂比强度25.3厘牛/特克斯，断裂伸长率5.7%，马克隆值4.0。如图2-166—图2-172所示。

图2-166　皖棉7581：子叶

图2-167　皖棉7581：棉苗

图2-168　皖棉7581：冠层

图2-169　皖棉7581：花（顶视图）

图2-170　皖棉7581：花（侧视图）

图2-171　皖棉7581：单株

图2-172　皖棉7581：株行

三十、皖棉6J826

种质库编号：AM300010

种植圃编号：19A21

种质来源：安徽安庆（中植棉2号／苏103）

性状特征：中熟类型，株型塔形，果枝Ⅱ式，植株色素腺体多；茎色日光红色，主茎硬度中，茎秆茸毛多、茸毛长度长；叶片掌状，叶色绿色，叶裂刻中、裂片5片，叶蜜腺1～3个，叶片茸毛多、茸毛长度长，有叶基斑；花喇叭形，花冠乳白色、花冠长度5.1厘米，花药乳白色，花丝乳白色，花柱长度中，无花瓣基斑，花萼波状，苞叶心形,苞齿数目13～15个,苞叶基部联合,有苞外蜜腺,苞叶宿生;铃单生,铃红绿色、卵圆形,铃尖突出程度弱,吐絮畅;单铃4～5室,每室种子数9粒;种子有色素腺体、毛籽,短绒白色,纤维白色。

2018—2020年安庆点3年连续观测数据平均值:生育期113天;株高132.8厘米,第一果枝节位6.9节,单株果枝数21.0台、叶枝数2.3台,单株结铃28.7个;单铃重5.5克,衣分31.4%,子指12.9克;纤维上半部平均长度29.3毫米,长度整齐度81.4%,断裂比强度33.9厘牛/特克斯,断裂伸长率6.0%,马克隆值3.6。如图2-173—图2-178所示。

图2-173　皖棉6J826:子叶

图2-174　皖棉6J826:棉苗

图2-175　皖棉6J826:冠层

图2-176　皖棉6J826:花(顶视图)

图2-177　皖棉6J826:花(侧视图)

图2-178　皖棉6J826:株行

三十一、皖棉6J833

种质库编号：AM820210

种植圃编号：19A22

种质来源：安徽安庆（豫棉2067 / 中棉所50）

性状特征：中早熟类型，株型塔形，果枝Ⅱ式，植株色素腺体中；茎色日光红色，主茎硬度软，茎秆茸毛少、茸毛长度中；叶片掌状，叶色深绿色，叶裂刻中、裂片5片，叶蜜腺1～3个，叶片茸毛少、茸毛长度中，有叶基斑；花喇叭形，花冠乳白色、花冠长度5.7厘米，花药乳白色，花丝乳白色，花柱长度中，无花瓣基斑，花萼波状，苞叶心形，苞齿数目13～15个，苞叶基部联合，有苞外蜜腺，苞叶宿生；铃单生，铃红绿色、卵圆形，铃尖突出程度中，吐絮畅；单铃4～5室，每室种子数9粒；种子有色素腺体、毛籽，短绒白色，纤维白色。

2018—2020年安庆点3年连续观测数据平均值：生育期108天；株高128.5厘米，第一果枝节位5.4节，单株果枝数22.9台、叶枝数1.7台，单株结铃34.6个；单铃重5.3克，衣分34.5%，子指10.1克；纤维上半部平均长度27.6毫米，长度整齐度81.3%，断裂比强度25.1厘牛/特克斯，断裂伸长率6.0%，马克隆值4.0。如图2-179—图2-184所示。

图2-179　皖棉6J833：子叶

图2-180　皖棉6J833：棉苗

图2-181　皖棉6J833：冠层

图2-182　皖棉6J833：花（顶视图）

图2-183　皖棉6J833：花（侧视图）

图2-184　皖棉6J833：株行

三十二、红叶绿絮

种质库编号：AM760310

种植圃编号：19A23

种质来源：山西太谷

性状特征：中熟类型，株型塔形，果枝Ⅱ式，植株色素腺体少；茎色紫色，主茎硬度软，茎秆茸毛少、茸毛长度中；叶片掌状，叶色紫红色，叶裂刻中、裂片5片，叶蜜腺1个，叶片茸毛少、茸毛长度中，有叶基斑；花喇叭形，花冠粉红色、花冠长度5.1厘米，花药乳白色，花丝乳白色，花柱长度长，无花瓣基斑，花萼波状，苞叶心形，苞齿数目13~15个，苞叶基部联合，有苞外蜜腺，苞叶宿生；铃单生，铃红色、卵圆形，铃尖突出程度中，吐絮中；单铃4室，每室种子数7粒；种子有色素腺体、毛籽，短绒绿色，纤维浅绿色。

2018—2020年安庆点3年连续观测数据平均值：生育期116天；株高141.4厘

米,第一果枝节位7.3节,单株果枝数20.6台、叶枝数2.3台,单株结铃27.6个;单铃重4.3克,衣分25.3%,子指12.1克;纤维上半部平均长度26.1毫米,长度整齐度80.2%,断裂比强度25.3厘牛/特克斯,断裂伸长率6.3%,马克隆值2.7。如图2-185—图2-193所示。

图2-185　红叶绿絮:子叶

图2-186　红叶绿絮:棉苗(2018年,安庆)

图2-187　红叶绿絮:棉苗(2020年,安庆)

图2-188　红叶绿絮:冠层(2018年,安庆)

图2-189　红叶绿絮:冠层(2019年,安庆)

图2-190　红叶绿絮:冠层(2020年,安庆)

图2-191　红叶绿絮:花(顶视图)

图2-192　红叶绿絮:花(侧视图)

图2-193　红叶绿絮:株行(2019年,安庆)

三十三、岱14选真叶黄绿(v11)

　　种质库编号:AM730060

　　种植圃编号:19A24

　　种质来源:江苏南京

　　性状特征:中熟类型,株型塔形,果枝Ⅱ式,植株色素腺体多;茎色绿色,主茎硬度中,茎秆茸毛中、茸毛长度中;叶片掌状,叶色黄色,叶裂刻中、裂片5片,叶蜜腺1~3个,叶片茸毛中、茸毛长度中,有叶基斑;花喇叭形,花冠乳白色、花冠长度4.6厘米,花药乳白色,花丝乳白色,花柱长度中,无花瓣基斑,花萼波状,苞叶心形,苞齿数目9~11个,苞叶基部联合,有苞外蜜腺,苞叶宿生;铃单生,铃绿色、卵圆形,铃尖突出程度弱,吐絮中;单铃4室,每室种子数5粒;种子有色素腺体、毛籽,短绒灰白色,纤维白色。

　　2018—2020年安庆点3年连续观测数据平均值:生育期115天;株高117.9厘

米,第一果枝节位6.0节,单株果枝数20.8台、叶枝数2.5台,单株结铃22.7个;单铃重4.4克,衣分34.8%,子指10.3克;纤维上半部平均长度25.7毫米,长度整齐度80.2%,断裂比强度26.5厘牛/特克斯,断裂伸长率6.0%,马克隆值4.9。如图2-194—图2-202所示。

图2-194　岱14选真叶黄绿(v11):子叶

图2-195　岱14选真叶黄绿(v11):棉苗（前期）

图2-196　岱14选真叶黄绿(v11):棉苗（中期）

图2-197　岱14选真叶黄绿(v11):棉苗（后期）

图2-198　岱14选真叶黄绿(v11):主茎

图2-199　岱14选真叶黄绿(v11):冠层

图2-200　岱14选真叶黄绿(v11):花

图2-201　岱14选真叶黄绿(v11):株行
（开花期）

图2-202　岱14选真叶黄绿(v11):株行
（吐絮后期）

三十四、安2

　　种质库编号：AM760020

　　种植圃编号：19A25

　　种质来源：苏联

　　性状特征：晚熟类型,株型塔形,果枝Ⅱ式,植株色素腺体中;茎色紫色,主茎硬度中,茎秆无茸毛;叶片阔叶,叶色黄红色,叶裂刻浅、裂片5片,叶蜜腺1个,叶片无茸毛,有叶基斑;花喇叭形,花冠粉红色、花冠长度4.7厘米,花药乳白色,花丝乳白色,花柱长度中,无花瓣基斑,花萼波状,苞叶心形,苞齿数目9~11个,苞叶基部联合,有苞外蜜腺,苞叶宿生;铃单生,铃红色、卵圆形,铃尖突出程度中,吐絮中;单铃3~4室,每室种子数5粒;种子有色素腺体、端毛,短绒白色,纤维白色。

　　2018—2020年安庆点3年连续观测数据平均值:生育期120天;株高129.8厘米,第一果枝节位8.7节,单株果枝数18.5台、叶枝数1.9台,单株结铃18.7个;单铃重3.8克,衣分21.2%,子指9.4克;纤维上半部平均长度24.7毫米,长度整齐度81.3%,断裂比强度23.4厘牛/特克斯,断裂伸长率7.0%,马克隆值4.2。如图2-203—图2-211所示。

图2-203　安2:子叶

图2-204　安2:棉苗

图2-205　安2:冠层(2018年,安庆)

图2-206　安2:冠层(2019年,安庆)

图2-207　安2:冠层(2020年,安庆)

图2-208　安2:花(顶视图)

图2-209　安2:花(侧视图)

图2-210　安2:株行(开花期)

图2-211　安2:株行(吐絮后期)

三十五、华中831

种质库编号：AM101360

种植圃编号：19A26

种质来源：湖北武昌

性状特征：中熟类型,株型塔形,果枝Ⅱ式,植株色素腺体中；茎色绿色,主茎硬度中,茎秆茸毛中、茸毛长度中;叶片掌状,叶色绿色,叶裂刻中、裂片5片,叶蜜腺1个,叶片茸毛中、茸毛长度中,有叶基斑;花喇叭形,花冠乳白色、花冠长度5.1厘米,花药乳白色,花丝乳白色,花柱长度中,无花瓣基斑,花萼波状,苞叶心形,苞齿数目9～11个,苞叶基部联合,有苞外蜜腺,苞叶宿生;铃单生,铃绿色、卵圆形,铃尖突出程度中,吐絮畅;单铃4～5室,每室种子数9粒;种子有色素腺体、毛籽,短绒白色,纤维白色。

2018—2020年安庆点3年连续观测数据平均值:生育期120天;株高117.1厘米,第一果枝节位6.8节,单株果枝数20.3台、叶枝数2.1台,单株结铃24.6个;单铃重5.3克,衣分34.8%,子指11.2克;纤维上半部平均长度28.1毫米,长度整齐度82.8%,断裂比强度28.2厘牛/特克斯,断裂伸长率6.2%,马克隆值4.8。如图2-212—图2-218所示。

图2-212　华中831:子叶

图2-213　华中831:棉苗

图2-214　华中831:冠层

图2-215　华中831:主茎

图 2-216 华中831：花（顶视图）

图 2-217 华中831：花（侧视图）

图 2-218 华中831：株行

三十六、皖低酚7014

种质库编号：AM101680

种植圃编号：19A27

种质来源：安徽安庆

性状特征：中熟类型，株型塔形，果枝Ⅱ式，植株无色素腺体；茎色绿色，主茎硬度中，茎秆茸毛少、茸毛长度中；叶片掌状，叶色深绿色，叶裂刻中、裂片5片，叶蜜腺1个，叶片茸毛少、茸毛长度中，有叶基斑；花喇叭形，花冠乳白色、花冠长度5.4厘米，花药乳白色，花丝乳白色，花柱长度中，无花瓣基斑，花萼波状，苞叶心形，苞齿数目13～15个，苞叶基部联合，有苞外蜜腺，苞叶宿生；铃单生，铃绿色、圆形，铃尖突出程度中，吐絮畅；单铃4～5室，每室种子数9粒；种子无色素腺体、毛籽，短绒白色,纤维白色。

2018—2020年安庆点3年连续观测数据平均值:生育期117天;株高126.3厘米,第一果枝节位6.3节,单株果枝数20.1台、叶枝数2.7台,单株结铃32.6个;单铃重4.7克,衣分34.4%,子指9.6克;纤维上半部平均长度26.4毫米,长度整齐度81.3%,断裂比强度24.4厘牛/特克斯,断裂伸长率6.3%,马克隆值4.8。如图2-219—图2-225所示。

图2-219 皖低酚7014:子叶

图2-220 皖低酚7014:棉苗

图2-221 皖低酚7014:冠层

图2-223 皖低酚7014:花(顶视图)

图2-222 皖低酚7014:主茎

图2-224　皖低酚7014:花(侧视图)

图2-225　皖低酚7014:株行

三十七、美87-2

种质库编号:AM760440

种植圃编号:19A28

种质来源:美国

性状特征:中早熟类型,株型塔形,果枝Ⅱ式,植株色素腺体中;茎色紫色,主茎硬度中,茎秆茸毛少、茸毛长度短;叶片阔叶,叶色紫红色,叶裂刻浅、裂片5片,叶蜜腺1个,叶片茸毛少、茸毛长度短,有叶基斑;花喇叭形,花冠粉红色、花冠长度5.5厘米,花药乳白色,花丝乳白色,花柱长度中,无花瓣基斑,花萼波状,苞叶心形,苞齿数目9~11个,苞叶基部联合,有苞外蜜腺,苞叶宿生;铃单生,铃红色、卵圆形,铃尖突出程度中,吐絮畅;单铃4~5室,每室种子数9粒;种子有色素腺体、毛籽,短绒白色,纤维白色。

2018—2020年安庆点3年连续观测数据平均值:生育期121天;株高116.0厘米,第一果枝节位7.2节,单株果枝数20.3台、叶枝数2.0台,单株结铃21.9个;单铃重5.0克,衣分29.3%,子指12.0克;纤维上半部平均长度26.2毫米,长度整齐度79.8%,断裂比强度29.2厘牛/特克斯,断裂伸长率6.0%,马克隆值4.8。如图2-226—图2-232所示。

图2-226　美87-2:子叶

图2-227　美87-2:冠层(2018年,安庆)

图2-228　美87-2:冠层(2019年,安庆)

图2-229　美87-2:冠层(2020年,安庆)

图2-230　美87-2:花(顶视图)

图2-231　美87-2:花(侧视图)

图2-232　美87-2:株行(2019年,安庆)

三十八、V1

种质库编号：AM730040

种植圃编号：19A29

种质来源：美国

性状特征：中熟类型,株型塔形,果枝Ⅱ式,植株色素腺体中;茎色绿色,主茎硬度软,茎秆茸毛少、茸毛长度短;叶片鸡脚形,叶色黄色,叶裂刻深、裂片5片,叶蜜腺1个,叶片茸毛少、茸毛长度短,有叶基斑;花喇叭形,花冠乳白色、花冠长度4.1厘米,花药乳白色,花丝乳白色,花柱长度中,无花瓣基斑,花萼波状,苞叶心形,苞齿数目9~11个,苞叶基部联合,有苞外蜜腺,苞叶宿生;铃单生,铃绿色、卵圆形,铃尖突出程度弱,吐絮中;单铃3~4室,每室种子数5粒;种子有色素腺体、毛籽,短绒白色,纤维白色。

2018—2020年安庆点3年连续观测数据平均值:生育期117天;株高92.1厘米,第一果枝节位6.0节,单株果枝数22.3台、叶枝数2.4台,单株结铃19.2个;单铃重4.1克,衣分31.4%,子指10.4克;纤维上半部平均长度28.4毫米,长度整齐度80.4%,断裂比强度28.1厘牛/特克斯,断裂伸长率6.0%,马克隆值4.9。如图2-233—图2-242所示。

图2-233　V1:子叶

图2-234　V1:棉苗(前期)

图2-235　V1:棉苗(后期)

图 2-236　V1:冠层(2018 年,安庆)

图 2-237　V1:冠层(2019 年,安庆)

图 2-238　V1:冠层(2020 年,安庆)

图 2-240　V1:花(顶视图)

图 2-239　V1:主茎

图 2-241　V1:花(侧视图)

图 2-242　V1:株行(2019 年,安庆)

三十九、得州 9105

种质库编号：AM760030

种植圃编号：19A30

种质来源：美国

性状特征：晚熟类型，株型塔形，果枝Ⅱ式，植株色素腺体多；茎色紫色，主茎硬度中，茎秆茸毛多、茸毛长度中；叶片掌状，叶色黄红色，叶裂刻中、裂片5片，叶蜜腺1个，叶片茸毛多、茸毛长度中，无叶基斑；花喇叭形，花冠粉红色、花冠长度5.4厘米，花药乳白色，花丝乳白色，花柱长度中，无花瓣基斑，花萼波状，苞叶心形，苞齿数目13～15个，苞叶基部联合，有苞外蜜腺，苞叶宿生；铃单生，铃红色、卵圆形，铃尖突出程度中，吐絮畅；单铃4～5室，每室种子数9粒；种子有色素腺体、毛籽，短绒棕色，纤维棕色。

2018—2020年安庆点3年连续观测数据平均值：生育期118天；株高112.4厘米，第一果枝节位6.2节，单株果枝数19.9台、叶枝数2.5台，单株结铃16.3个；单铃重4.4克，衣分16.0%，子指13.2克；纤维上半部平均长度18.1毫米，长度整齐度79.4%，断裂比强度23.9厘牛/特克斯，断裂伸长率5.1%，马克隆值4.5。如图2-243—图2-252所示。

图2-243　得州9105：子叶

图2-244　得州9105：棉苗

图2-245　得州9105：冠层（2018年，安庆）

图2-246　得州9105：冠层（2019年，安庆）

图2-247　得州9105：冠层（2020年，安庆）

图2-248　得州9105：主茎

图2-249　得州9105：花（顶视图）

图2-250　得州9105：花（侧视图）

图2-251　得州9105：株行（开花期）

图2-252　得州9105：株行（吐絮后期）

四十、Deridder(红叶)

种质库编号:AM760010

种植圃编号:19A31

种质来源:美国

性状特征:中熟类型,株型塔形,果枝Ⅲ式,植株色素腺体中;茎色紫色,主茎硬度中,茎秆茸毛少、茸毛长度短;叶片阔叶,叶色黄红色,叶裂刻浅、裂片5片,叶蜜腺1个,叶片茸毛少、茸毛长度短,有叶基斑;花喇叭形,花冠粉红色、花冠长度5.0厘米,花药黄色,花丝乳白色,花柱长度中,无花瓣基斑,花萼波状,苞叶心形,苞齿数目9~11个,苞叶基部联合,有苞外蜜腺,苞叶宿生;铃单生,铃红色、卵圆形,铃尖突出程度中,吐絮畅;单铃4~5室,每室种子数9粒;种子有色素腺体、毛籽,短绒白色,纤维白色。

2018—2020年安庆点3年连续观测数据平均值:生育期118天;株高115.8厘米,第一果枝节位6.6节,单株果枝数19.9台、叶枝数1.6台,单株结铃26.2个;单铃重4.7克,衣分34.4%,子指10.4克;纤维上半部平均长度25.3毫米,长度整齐度81.5%,断裂比强度23.9厘牛/特克斯,断裂伸长率5.8%,马克隆值5.9。如图2-253—图2-260所示。

图2-253　Deridder(红叶):子叶

图2-254　Deridder(红叶):棉苗

图2-255　Deridder(红叶):冠层
(2018年,安庆)

图2-256 Deridder(红叶):冠层
（2019年,安庆）

图2-257 Deridder(红叶):冠层
（2020年,安庆）

图2-258 Deridder(红叶):花(顶视图)

图2-259 Deridder(红叶):花(侧视图)

图2-260 Deridder(红叶):株行

四十一、红叶棉2(91-韩3)

种质库编号: AM760291

种植圃编号: 19A32

种质来源: 河北石家庄

性状特征: 中早熟类型,株型塔形,果枝Ⅲ式,植株色素腺体中;茎色紫色,主茎硬度中,茎秆茸毛少、茸毛长度中;叶片掌状,叶色黄红色,叶裂刻中、裂片5片,叶蜜腺1个,叶片茸毛少、茸毛长度中,有叶基斑;花喇叭形,花冠粉红色、花冠长度5.5厘米,花药乳白色,花丝乳白色,花柱长度长,无花瓣基斑,花萼波状,苞叶心形,苞齿数目9~11个,苞叶基部联合,有苞外蜜腺,苞叶宿生;铃单生,铃红色、卵圆形,铃尖突出程度弱,吐絮中,单铃4室,每室种子数7粒;种子有色素腺体、毛籽,短绒白色,纤维白色。

2018—2020年安庆点3年连续观测数据平均值:生育期110天;株高117.5厘米,第一果枝节位7.1节,单株果枝数19.4台、叶枝数1.9台,单株结铃23.1个;单铃重4.7克,衣分39.4%,子指10.5克;纤维上半部平均长度27.8毫米,长度整齐度82.0%,断裂比强度25.7厘牛/特克斯,断裂伸长率5.8%,马克隆值5.2。如图2-261—图2-268所示。

图2-261 红叶棉2(91-韩3):子叶

图2-262 红叶棉2(91-韩3):棉苗

图2-263 红叶棉2(91-韩3):冠层
(2018年,安庆)

图2-264 红叶棉2(91-韩3):冠层
(2019年,安庆)

图2-265　红叶棉2(91-韩3)：冠层
（2020年，安庆）

图2-266　红叶棉2(91-韩3)：花（顶视图）

图2-267　红叶棉2(91-韩3)：花（侧视图）

图2-268　红叶棉2(91-韩3)：株行

四十二、红叶棉3(91-韩4)

种质库编号: AM760301

种植圃编号: 19A33

种质来源: 河北石家庄

性状特征: 中熟类型,株型塔形,果枝Ⅲ式,植株色素腺体中;茎色紫色,主茎硬度中,茎秆无茸毛;叶片阔叶,叶色黄红色,叶裂刻浅、裂片5片,叶蜜腺1个,叶片无茸毛,有叶基斑;花喇叭形,花冠粉红色、花冠长度5.1厘米,花药乳白色,花丝乳白色,花柱长度长,无花瓣基斑,花萼波状,苞叶心形,苞齿数目9~11个,苞叶基部联合,有苞外蜜腺,苞叶宿生;铃单生,铃红色、卵圆形,铃尖突出程度中,吐絮中;单铃4室,每室种子数7粒;种子有色素腺体,毛籽,短绒白色,纤维白色。

2018—2020年安庆点3年连续观测数据平均值:生育期117天;株高135.7厘米,第一果枝节位6.4节,单株果枝数19.4台、叶枝数1.9台,单株结铃23.0个;单铃重4.6克,衣分35.4%,子指10.4克;纤维上半部平均长度28.2毫米,长度整齐度81.8%,断裂比强度25.6厘牛/特克斯,断裂伸长率5.9%,马克隆值4.3。如图2-269—图2-276所示。

图2-269　红叶棉3(91-韩4):子叶

图2-270　红叶棉3(91-韩4):棉苗

图2-271　红叶棉3(91-韩4):冠层
(2018年,安庆)

图2-272　红叶棉3(91-韩4):冠层
(2019年,安庆)

图2-273　红叶棉3(91-韩4):冠层
(2020年,安庆)

图2-274　红叶棉3(91-韩4):花(顶视图)

图2-275　红叶棉3(91-韩4):花(侧视图)

图2-276　红叶棉3(91-韩4):株行
(2019年,安庆)

第三节　特异性状种质资源

　　我国并非棉花原产地,但棉花种植历史悠久。历史上长期种植的亚洲棉是由印度经东南亚传入我国西南地区的,元朝初年逐渐推广到长江流域;清朝末年开始从美国引进原产于中美洲的陆地棉品种,逐渐取代了亚洲棉品种而成为我国的棉花主要栽培品种。我国棉花种植范围广泛,在不同地理生态条件引种栽培过程中,经过长期的自然与人工选择,形成了各具特色的地方种(系)。我国陆地棉来源单一,遗传基础狭窄,但经过历次品种引进及更新换代,栽培品种在产量、品质和抗性等方面实现了同步改良,同时在株型、叶形、叶色、花器、絮色等表型性状方面积累了大量的遗传变异,这些表型变异是遗传与环境共同作用的结果,极大地丰富了棉花种质资源的遗传多样性。

　　特异性状种质资源是在某一个或几个性状上与大多数、一般性种质资源相比较具有明显差异的种质资源。这些特异性状是种质资源长期进化的产物,有的特异性状能够更好地适应生态环境,如多茸毛性状能够有效抵御多种昆虫的危害,有的特异性状对棉花物种来说却是退化的,甚至是有害的,如雄性不育系、叶片黄化等。

　　研究特异性状种质资源,对于拓展棉花种质资源的遗传基础具有重要意义。评价和利用特异性状种质资源,为品种选育提供基础材料,有望培育出具有突破性的棉花新品种。

一、苏103多毛系

　　种质库编号:AM700020

　　种植圃编号:16J818/819

　　种质来源:安徽省农业科学院棉花研究所

　　主要特异性状:整个植株密被白色茸毛。从子叶节下部到主茎顶端以及叶枝、果枝、叶柄等部位茸毛多、茸毛长度长,苞叶、真叶背面及叶脉茸毛多、茸毛长度短;真叶正面茸毛少、茸毛长度短,花瓣及子叶正反面无茸毛。

中熟类型,株型塔形,果枝Ⅲ式,植株色素腺体中;茎色绿色,主茎硬度软;叶片掌状,叶色绿色,叶裂刻中、裂片3～5片,有叶基斑;花喇叭形,花冠乳白色,花药乳白色,无花瓣基斑,花萼波状,苞叶心形,苞齿数目15～17个,苞叶基部联合,有苞外蜜腺;单铃重3.8克,衣分30.6%;种子有色素腺体、毛籽,短绒灰白色,纤维白色;纤维上半部平均长度30.7毫米,长度整齐度85.7%,断裂比强度27.8厘牛/特克斯,断裂伸长率7.6%,马克隆值4.3。如图2-277—图2-284所示。

图2-277　苏103多毛系:幼苗

图2-278　苏103多毛系:茎(顶端)

图2-279　苏103多毛系:主茎

图2-280　苏103多毛系:叶(正面)

图2-281　苏103多毛系:叶(背面)

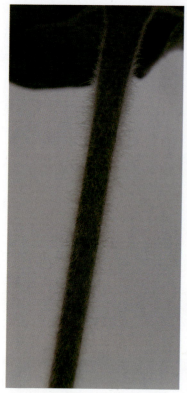

图2-283 苏103多毛系:花蕾

图2-282 苏103多毛系:叶柄

图2-284 苏103多毛系:冠层

二、花冠闭合系

种质库编号:AM200402

种植圃编号:13J416

种质来源:引自山东宁津

主要特异性状:花朵开放前,花冠快速伸长突出苞叶;开花当日花冠闭合,5片花瓣相互覆盖旋转折叠,上部紧密交织在一起,开花当日至开花后第3天花冠始终不张开。

中熟类型,株型塔形,果枝Ⅲ式,植株色素腺体中;茎色日光红色,主茎硬度中,茎秆茸毛中;叶片掌状,叶色浅绿色,有叶基斑;花冠乳白色,花药乳白色,花丝乳白色,无花瓣基斑,花萼波状,苞叶心形,苞齿数目9~13个,苞叶基部联合,有苞外蜜腺,苞叶宿生;单铃重4.4克,衣分37.4%,子指10.6克;短绒灰白色,纤维白色;纤维上半部平均长度29.4毫米,长度整齐度85.8%,断裂比强度29.1厘牛/特克斯,断裂伸长率6.7%,马克隆值4.9。如图2-285—图2-289所示。

图2-285　花冠闭合系:开花当天花冠(顶视图)

图2-286　花冠闭合系:开花当天花冠(侧视图)

图2-287　花冠闭合系:开花后第3天

图2-288　花冠闭合系:开花后第4天

图2-289　普通品种正常开放的花冠(对照)

三、绿叶红花系

种质库编号：AM700051

种植圃编号：17E06

种质来源：安徽省农业科学院棉花研究所

主要特异性状：叶色深绿色，花喇叭形，开花当日花冠呈粉红色，花药乳白色，花丝粉红色，花瓣基斑紫色。

中熟类型，株型塔形，果枝Ⅲ式，植株色素腺体中；茎色日光红色，茎秆茸毛中、茸毛长度中；叶片掌状，叶裂刻中、裂片3～5片，叶片茸毛少，有叶基斑；花萼波状，苞叶心形，苞齿数目11～13个；单铃重5.1克，衣分38.7%，子指10.3克；种子有色素腺体、毛籽，短绒灰白色，纤维白色；纤维上半部平均长度27.3毫米，长度整齐度85.6%，断裂比强度25.8厘牛/特克斯，断裂伸长率6.5%，马克隆值5.5。如图2-290—图2-295所示。

图2-290　绿叶红花系：花（顶视图）

图2-291　绿叶红花系：花（侧视图）

图2-292　绿叶红花系：蕾

图2-293　绿叶红花系：花苞（开花次日）

图2-294　绿叶红花系:花苞(开花前1天)

图2-295　绿叶红花系:株行

四、花基红斑系S103

种质库编号:AM700120

种植圃编号:13C36

种质来源:安徽省农业科学院棉花研究所

主要特异性状:花喇叭形,花冠乳白色,花药乳白色,花丝乳白色,花瓣基斑红色。

中熟类型,株型塔形,果枝Ⅲ式,植株色素腺体中;单铃重4.5克,衣分30.8%,子指12.2克;短绒深灰色,纤维白色;纤维上半部平均长度24.4毫米,长度整齐度84.3%,断裂比强度28.9厘牛/特克斯,断裂伸长率6.5%,马克隆值5.71。如图2-296所示。

图2-296　花基红斑系S103:花

五、花基红斑黄花药7E16

种质库编号：AM700130

种植圃编号：13C38R

种质来源：安徽省农业科学院棉花研究所

主要特异性状：花喇叭形，花冠乳白色，花药黄色，花丝乳白色，花瓣基斑红色。中熟类型，株型塔形，果枝Ⅲ式，植株色素腺体中；单铃重4.0克，衣分26.8%，子指10.9克；短绒灰白色，纤维白色；纤维上半部平均长度27.4毫米，长度整齐度83.5%，断裂比强度29.8厘牛/特克斯，断裂伸长率6.6%，马克隆值5.4。如图2-297、图2-298所示。

图2-297 花基红斑黄花药7E16：花

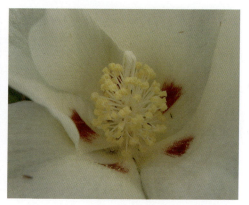

图2-298 花基红斑黄花药7E16：花蕊

六、黄花药7E17N1

种质库编号：AM700160

种植圃编号：13D33

种质来源：安徽省农业科学院棉花研究所

主要特异性状：花喇叭形，花冠乳白色，花药黄色，花丝乳白色，无花瓣基斑。中熟类型，株型塔形，果枝Ⅲ式，植株色素腺体中；单铃重4.9克，衣分36.1%，子指11.1克；短绒灰白色，纤维白色；纤维上半部平均长度26.7毫米，长度整齐度

84.5%，断裂比强度26.0厘牛/特克斯，断裂伸长率6.5%，马克隆值5.5。如图2-299、图2-300所示。

图2-299　黄花药7E17N1:花

图2-300　黄花药7E17N1:花蕊

七、低酚超鸡脚叶(省工棉2号)

种质库编号：AM750145

种植圃编号：10SP2

种质来源：安徽省农业科学院棉花研究所

主要特异性状：植株无色素腺体，叶片超鸡脚形，叶色绿色，叶裂刻全裂、裂片3～5片，无叶蜜腺，叶片茸毛少、茸毛长度中，有叶基斑。

图2-301　低酚超鸡脚叶:茎

中早熟类型，株型塔形，果枝Ⅱ式，茎色绿色，主茎硬度软，茎秆无茸毛；苞叶心形，苞齿数目11～13个，苞叶基部联合；铃丛生，铃绿色、卵圆形，铃尖突出程度中，吐絮畅；单铃重3.4克，衣分36.7%；种子无色素腺体、毛籽，短绒棕灰色，纤维白色；纤维上半部平均长度30.4毫米，长度整齐度85.1%，断裂比强度30.9厘牛/特克斯，断裂伸长率6.8%，马克隆值4.0。如图2-301、图2-302所示。

图2-302　低酚超鸡脚叶:单株

八、超鸡脚叶6TQ6

种质库编号：AM700190

种植圃编号：13B26EW

种质来源：安徽省农业科学院棉花研究所

主要特异性状：植株有色素腺体，叶片超鸡脚形，叶色绿色，叶裂刻全裂、裂片3～5片，有叶蜜腺，叶片茸毛少、茸毛长度中，有叶基斑。

中熟类型，株型塔形，果枝Ⅱ式，植株色素腺体中；茎色绿色，主茎硬度中，茎秆茸毛少；苞叶心形，苞齿数目9～11个，苞叶基部联合，有苞外蜜腺，苞叶宿生；铃单生，铃红绿色、卵圆形，铃尖突出程度中，吐絮畅；单铃重4.7克，衣分32.6%，子指10.4克；种子有色素腺体、毛籽，短绒灰白色，纤维白色；纤维上半部平均长度28.8毫米，长度整齐度84.0%，断裂比强度27.7厘牛/特克斯，断裂伸长率6.7%，马克隆值5.22。如图2-303—图2-306所示。

图2-303　超鸡脚叶6TQ6：叶

图2-304　超鸡脚叶6TQ6：棉苗

图2-305　超鸡脚叶6TQ6：冠层

图2-306　超鸡脚叶6TQ6：单株

九、鸡脚叶7SP10P

种质库编号：AM700200

种植圃编号：09F24P

种质来源：安徽省农业科学院棉花研究所

主要特异性状：叶片鸡脚形，叶色绿色，叶裂刻深、裂片3~5片，有叶基斑。

中熟类型，株型塔形，果枝Ⅲ式，植株色素腺体中；单铃重5.0克，衣分42.2%，子指10.8克；短绒灰白色，纤维白色；纤维上半部平均长度30.1毫米，长度整齐度83.6%，断裂比强度30.0厘牛/特克斯，断裂伸长率6.9%，马克隆值5.2。如图2-307—图2-309所示。

图2-307 鸡脚叶7SP10P：叶

图2-308 鸡脚叶7SP10P：苗期

图2-309 鸡脚叶7SP10P：冠层

十、无絮系YGT

种质库编号：AM700220

种植圃编号：14J134N

种质来源：引自荃银高科

主要特异性状：种子无短绒、无纤维。

铃单生，铃红绿色、卵圆形，无铃尖突出；单铃5室，每室种子数9粒；种子有色素腺体，光籽、无短绒，无纤维。如图2-310—图2-312所示。

图2-310　无絮系YGT：棉铃

图2-311　无絮系YGT：棉铃

图2-312　无絮系YGT：棉铃

十一、芽黄彭泽1号

种质库编号：AM700250

种植圃编号：19W46

种质来源：引自中国农业科学院棉花研究所

主要特异性状：子叶浅绿色，主茎第1～3片真叶黄绿色，第4片以上真叶浅绿色。

中熟类型,株型塔形,果枝Ⅲ式,植株色素腺体中;茎色日光红色,茎秆茸毛中;叶片掌状,叶裂刻中、裂片5片,有叶基斑;单铃重3.9克,衣分35.1%,子指10.6克;短绒灰白色,纤维白色;纤维上半部平均长度28.3毫米,长度整齐度77.7%,断裂比强度30.6厘牛/特克斯,断裂伸长率6.7%,马克隆值5.4。如图2-313—图2-316所示。

图2-313 芽黄彭泽1号:棉苗(子叶绿色、心叶黄绿色)

图2-314 芽黄彭泽1号:棉苗(第1~3片真叶黄绿色)

图2-315 芽黄彭泽1号:棉苗(第4片以上真叶浅绿色)

图2-316 芽黄彭泽1号:株行

十二、芽黄临农-26

种质库编号：AM700260

种植圃编号：18D33

种质来源：引自中国农业科学院棉花研究所

主要特异性状：子叶黄绿色，主茎第1～3片真叶黄色，第4片以上真叶绿色。

中熟类型，株型塔形，果枝Ⅲ式，植株色素腺体中；茎色绿色，茎秆茸毛多；叶片掌状，叶裂刻中、裂片5片，叶蜜腺1个，有叶基斑；单铃重5.1克，衣分27.3%；短绒深灰色，纤维白色；纤维上半部平均长度28.9毫米，长度整齐度83.8%，断裂比强度27.5厘牛/特克斯，断裂伸长率6.4%，马克隆值3.8。如图2-317、图2-318所示。

图2-317　芽黄临农-26：棉苗（子叶黄绿色、心叶黄色）

图2-318　芽黄临农-26：株行

十三、窄卷苞叶系 HZ0917

种质库编号：AM700270

种植圃编号：12Ⅱ44

种质来源：安徽省农业科学院棉花研究所

主要特异性状：苞叶窄卷，苞齿数目7～9个，苞叶基部不联合，无苞外蜜腺，苞叶宿生。

　　中熟类型,株型塔形,株高155.0厘米,果枝Ⅲ式,植株色素腺体中;茎色日光红色,主茎硬度中,茎秆茸毛中;叶片掌状,叶色深绿色,叶裂刻中、裂片5片,叶片茸毛少,有叶基斑;花喇叭形,花冠乳白色,无花瓣基斑,花萼波状;单株果枝数18.3台,单株结铃31.3个;铃单生,铃绿色、卵圆形,无铃尖突出,吐絮畅;单铃重4.8克,衣分37.2%;种子有色素腺体、毛籽,短绒灰白色,纤维白色;纤维上半部平均长度32.0毫米,长度整齐度85.4%,断裂比强度29.9厘牛/特克斯,断裂伸长率6.9%,马克隆值5.2。如图2-319—图2-325所示。

图2-319　窄卷苞叶系HZ0917:蕾

图2-320　窄卷苞叶系HZ0917:花苞

图2-321　窄卷苞叶系HZ0917:花(开花当日)

图2-323　窄卷苞叶系HZ0917:幼铃

图2-322　窄卷苞叶系HZ0917:花(开花次日)

图2-324 窄卷苞叶系HZ0917:棉铃(顶视图)

图2-325 窄卷苞叶系HZ0917:棉铃(侧视图)

十四、核不育两用系33A

种质库编号:AM710110

种植圃编号:12A43/44

种质来源:安徽省农业科学院棉花研究所

主要特异性状:群体中约2/3植株为雄性不育系,表现为雄蕊败育,花丝短,花药干瘪不开裂,花药内无发育成熟的花粉,而雌蕊发育正常,柱头能分泌黏液接受花粉受精成铃;约1/3植株为雄性半可育(保持系),表现为雄蕊发育正常,花药内少量发育成熟的花粉,花药开裂不完全,用半可育株花粉给不育株授粉,后代群体仍然分离出约2/3的雄性不育和1/3的雄性半可育株,实现了"一系两用"。如图2-326—图2-328所示。

图2-326 核不育两用系33A:雄蕊败育

图2-327 核不育两用系33A:雌蕊发育正常

图2-328　核不育两用系33A：雄性半可育株的花蕊

十五、双隐性核不育系中抗A

　　种质库编号：AM710010

　　种植圃编号：10WSD36/37W

　　种质来源：引自中国农业科学院棉花研究所

　　主要特异性状：群体中25%～30%植株为雄性不育系，表现为雄蕊败育，花丝短，花药干瘪不开裂，花药内无发育成熟的花粉，而雌蕊发育正常，柱头能分泌黏液接受花粉，受精成铃；70%～75%植株为正常可育株，用可育株花粉给不育株授粉，后代群体仍然分离出25%～30%的雄性不育和70%～75%的可育株，实现了"一系两用"。如图2-329、图2-330所示。

图2-329　双隐性核不育系中抗A：不育株的花

图2-330　双隐性核不育系中抗A：可育株的花

十六、细胞质不育系 F1008

种质库编号:AM710030

种植圃编号:12D45

种质来源:安徽省农业科学院棉花研究所

主要特异性状:细胞质雄性不育系,表现为雄蕊败育,花丝短,花药干瘪不开裂,花药内无发育成熟的花粉,而雌蕊发育正常,柱头能分泌黏液接受花粉,受精成铃;大部分种质资源都能保持其雄性不育,但难以筛选到恢复系。如图2-331、图2-332所示。

图2-331 细胞质不育系F1008:植株

图2-332 细胞质不育系F1008:花

十七、细胞质不育系 H232-1

种质库编号:AM710060

种植圃编号:12B45

种质来源:引自安徽九成

主要特异性状:细胞质雄性不育系,表现为雄蕊败育,花丝短,花药干瘪不开裂,花药内无发育成熟的花粉,而雌蕊发育正常,柱头能分泌黏液接受花粉,受精成铃;大部分种质资源都能保持其雄性不育,但难以筛选到恢复系。如图2-333—图2-335所示。

图2-334　细胞质不育系H232-1:花蕊

图2-333　细胞质不育系H232-1:植株　　图2-335　细胞质不育系H232-1:恢复系花蕊

十八、棕絮6TQ29

　　种质库编号: AM720120

　　种植圃编号: 13B35/C45

　　种质来源: 安徽省农业科学院棉花研究所

　　主要特异性状: 纤维深棕色,短绒深棕色。

　　中熟类型,株型塔形,果枝Ⅲ式,植株色素腺体中;茎色日光红色,茎秆茸毛中;叶片掌状,叶色深绿色,叶裂刻中、裂片5片,叶片茸毛少,有叶基斑;花喇叭形,花冠乳白色,花药乳白色,无花瓣基斑,花萼波状,苞叶心形,苞齿数目9~13个;铃单生,铃红绿色、卵圆形,铃尖突出程度中,吐絮畅;单铃重3.9克,衣分20.3%,子指11.4克;种子有色素腺体、毛籽;纤维上半部平均长度19.9毫米,长度整齐度83.0%,断裂比强度24.1厘牛/特克斯,断裂伸长率7.0%,马克隆值3.9。如图2-336—图2-339所示。

图2-336 棕絮6TQ29:棉铃(顶视图)

图2-337 棕絮6TQ29:棉铃(侧视图)

图2-338 棕絮6TQ29:纤维

图2-339 棕絮6TQ29:种子

十九、浅棕絮棉

种质库编号:AM720020

种植圃编号:13C43

种质来源:安徽省农业科学院棉花研究所

主要特异性状:纤维浅棕色,短绒棕色。

中熟类型,株型塔形,果枝Ⅲ式,植株色素腺体中;茎色绿色,主茎硬度中;叶片掌状,叶色深绿色,叶裂刻中、裂片5片,叶片茸毛少,有叶基斑;花喇叭形,花冠乳白色,花药乳白色,无花瓣基斑,花萼波状,苞叶心形,苞齿数目9～13个;铃单生,铃红绿色、卵圆形,铃尖突出程度中,吐絮畅;单铃重3.9克,衣分25.7%,子指14.0克;种子有色素腺体、毛籽;纤维上半部平均长度29.1毫米,长度整齐度86.7%,断裂比强度30.5厘牛/特克斯,断裂伸长率6.5%,马克隆值3.7。如图2-340—图2-344所示。

图2-340　浅棕絮棉:棉铃吐絮

图2-341　浅棕絮棉:棉铃

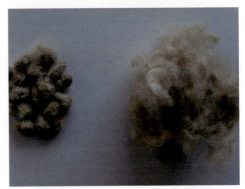

图2-342　浅棕絮棉:种子与纤维

图2-343　浅棕絮棉:平铺的纤维

图2-344　浅棕絮棉:种子

二十、棕白色絮系

种质库编号：AM720070

种植圃编号：13ZP32

种质来源：安徽省农业科学院棉花研究所［（中棉12号/棕絮棉）优选］

主要特异性状：纤维棕白色，短绒浅棕色。

中早熟类型，株型塔形，果枝Ⅲ式，植株色素腺体中；茎色日光红色，主茎硬度中，茎秆茸毛中、茸毛长度中；叶片掌状，叶色绿色，叶裂刻中、裂片5片，有叶基斑；花喇叭形，花冠乳白色，花药乳白色，花丝乳白色，无花瓣基斑，花萼波状，苞叶心形，苞齿数目9～13个，苞叶基部联合，有苞外蜜腺，苞叶宿生；铃单生，铃红绿色、卵圆形，铃尖突出程度中，吐絮畅；单铃重3.5克，衣分25.8%，子指11.8克；种子有色素腺体、毛籽；纤维上半部平均长度21.9毫米，长度整齐度80.3%，断裂比强度24.2厘牛/特克斯，断裂伸长率7.4%，马克隆值4.5。如图2-345、图2-346所示。

图2-345　棕白色絮系：棉铃吐絮

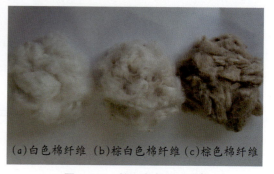

(a)白色棉纤维　(b)棕白色棉纤维　(c)棕色棉纤维

图2-346　棕白色絮系：纤维

二十一、绿絮8F33

种质库编号：AM720190

种植圃编号：13B23

种质来源：安徽省农业科学院棉花研究所

主要特异性状：纤维棕绿色，短绒绿色。

中熟类型，株型塔形，果枝Ⅲ式，植株色素腺体中；茎色日光红色，主茎硬度中，茎秆茸毛中、茸毛长度中；叶片掌状，叶色浅绿色，有叶基斑；花喇叭形，花冠乳白色,花药乳白色,无花瓣基斑,花萼波状,苞叶心形,苞齿数目9~13个,苞叶基部联合,有苞外蜜腺,苞叶宿生;铃单生,铃红绿色、卵圆形,铃尖突出程度中,吐絮畅;单铃重4.7克,衣分16.0%,子指12.9克;种子有色素腺体、毛籽;纤维上半部平均长度23.9毫米,长度整齐度80.5%,断裂比强度23.1厘牛/特克斯,断裂伸长率6.0%,马克隆值2.8。如图2-347—图2-349所示。

图2-347 绿絮8F33:棉铃吐絮

图2-348 绿絮8F33:棉瓣

图2-349 绿絮8F33:纤维

二十二、绿絮超鸡脚叶低酚棉

种质库编号:AM720210

种植圃编号:14ZP43/44

种质来源:安徽省农业科学院棉花研究所

主要特异性状:植株无色素腺体,叶片超鸡脚形,纤维棕绿色,短绒绿色。

中熟类型,株型塔形,果枝Ⅲ式,茎色日光红色,主茎硬度中,茎秆茸毛少、茸毛长度中;叶色绿色,叶裂刻中、裂片5片,叶片茸毛少,有叶基斑;花喇叭形,花冠乳白色,花药乳白色,无花瓣基斑,花萼波状,苞叶心形,苞齿数目9~13个,苞叶基部联合,有苞外蜜腺,苞叶宿生;铃单生,铃红绿色、卵圆形,铃尖突出程度中,吐絮畅;单铃重3.5克,衣分26.1%;种子无色素腺体、毛籽。如图2-350、图2-351所示。

图2-350　绿絮超鸡脚叶低酚棉:棉铃吐絮

(a)绿絮超鸡脚叶低酚棉 (b)普通白絮棉

图2-351　绿絮超鸡脚叶低酚棉与白絮棉对比

二十三、新彩棉27号

种质库编号:AM720250

种植圃编号:18E19

种质来源:引自新疆农业科学院经济作物研究所

主要特异性状:纤维灰绿色,短绒深绿色。

中熟类型,株型塔形,果枝Ⅲ式,植株色素腺体中;茎色绿色,主茎硬度中,茎秆茸毛多、茸毛长度中;叶片掌状,叶色深绿色,叶裂刻中、裂片5片,有叶基斑;花喇叭形,花冠乳白色,花药乳白色,无花瓣基斑,花萼波状,苞叶心形,苞齿数目9~13个,苞叶基部联合,有苞外蜜腺,苞叶宿生;铃单生,铃红绿色、卵圆形,铃尖突出程度中,吐絮畅;单铃重4.8克,衣分22.3%;种子有色素腺体、毛籽;纤维上半部平均长度28.1毫米,长度整齐度83.8%,断裂比强度23.3厘牛/特克

图2-352　新彩棉27号:棉铃吐絮

(a)新彩棉27号　　(b)普通白絮棉

图2-353　新彩棉27号与白絮棉对比

斯,断裂伸长率6.1%,马克隆值2.6。如图2-352、图2-353所示。

二十四、灰白绿絮棉

种质库编号:AM720170

种植圃编号:13ZP36G

种质来源:安徽省农业科学院棉花研究所

主要特异性状:纤维灰白绿色,短绒深绿色。

中熟类型,单铃重3.6克,衣分31.8%,子指11.1克;纤维上半部平均长度31.7毫米,长度整齐度85.7%,断裂比强度29.8厘牛/特克斯,断裂伸长率7.0%,马克隆值4.5。如图2-354所示。

图2-354 灰白绿絮棉:纤维与种子

二十五、白绿灰色絮棉

种质库编号:AM720151

种植圃编号:19G10

种质来源:安徽省农业科学院棉花研究所

主要特异性状:纤维白绿灰杂色,短绒深绿色。

中熟类型,单铃重5.4克,衣分23.4%,子指10.3克;纤维上半部平均长度29.9毫米,长度整齐度74.0%,断裂比强度22.7厘牛/特克斯,断裂伸长率6.4%,马克隆值2.9。如图2-355所示。

图2-355 白绿灰色絮棉:种子与纤维

二十六、黄叶棉2系

种质库编号:AM730090

种植圃编号:17E12

种质来源:安徽省农业科学院棉花研究所

主要特异性状:子叶黄绿色,全部真叶均为黄色。

中熟类型,株型塔形,果枝Ⅲ式,植株色素腺体中;茎色绿色,主茎硬度中,茎秆茸毛中;叶片掌状,叶裂刻中、裂片5片,叶片茸毛少,叶基斑明显;花喇叭形,花冠乳白色,花药乳白色,花丝乳白色,无花瓣基斑,花萼波状,苞叶心形,苞齿数目9~13个,苞叶基部联合,有苞外蜜腺,苞叶宿生;铃单生,铃红绿色、卵圆形,铃尖突出程度中,吐絮畅;单铃重6.3克,衣分29.9%,子指13.8克;种子有色素腺体、毛籽,短绒灰白色,纤维白色;纤维上半部平均长度28.3毫米,长度整齐度84.2%,断裂比强度24.5厘牛/特克斯,断裂伸长率6.3%,马克隆值4.6。如图2-356—图2-359所示。

图2-357　黄叶棉2系:冠层

图2-358　黄叶棉2系:叶(正面)

图2-356　黄叶棉2系:棉苗

图2-359　黄叶棉2系:叶(背面)

二十七、低酚皖168

种质库编号：AM101570

种植圃编号：13J106

种质来源：安徽省农业科学院棉花研究所

主要特异性状：整个植株无色素腺体，种子无色素腺体。

中熟类型，株型塔形，果枝Ⅲ式；茎色绿色，主茎硬度中，茎秆茸毛少、茸毛长度中；叶片掌状，叶色浅绿色，叶裂刻中、裂片5片，无叶蜜腺，叶片茸毛少，有叶基斑；花喇叭形，花冠乳白色，花药乳白色，花丝乳白色，花柱长度短，无花瓣基斑，花萼波状，苞叶心形，苞齿数目11～13个，苞叶基部联合，无苞外蜜腺，苞叶宿生；铃单生，铃红绿色、卵圆形，铃尖突出程度中，吐絮畅；单铃重4.9克，衣分32.2%，子指10.6克；短绒灰白色，纤维白色；纤维上半部平均长度28.0毫米，长度整齐度84.0%，断裂比强度28.4厘牛/特克斯，断裂伸长率6.8%，马克隆值4.8。如图2-360—图2-364所示。

图2-360　低酚皖168：主茎无色素腺体

图2-362　低酚皖168：叶脉无色素腺体

图2-361　低酚皖168：叶柄无色素腺体

图 2-363　低酚皖 168：苞叶无色素腺体

图 2-364　低酚皖 168：棉铃表面光滑无色素腺体

二十八、短果枝 HY-R03 选 1

种质库编号： AM750053

种植圃编号： 17B41

种质来源： 安徽省农业科学院棉花研究所

主要特异性状： 中熟类型，株型筒形，果枝Ⅱ式。

植株色素腺体中，茎色日光红色，茎秆茸毛中；叶片掌状，叶色深绿色，叶裂刻中，有叶基斑；花喇叭形，花冠乳白色，花药乳白色，无花瓣基斑，铃单生，铃红绿色、卵圆形，铃尖突出程度中，吐絮畅；单铃室，每室种子数粒；单铃重 4.9 克，衣分 38.4%；种子有色素腺体、毛籽，短绒灰白色，纤维白色；纤维上半部平均长度 28.9 毫米，长度整齐度 85.9%，断裂比强度 26.9 厘牛/特克斯，断裂伸长率 6.7%，马克隆值 4.5。如图 2-365、图 2-366 所示。

图2-365　短果枝HY-R03选1：株型紧凑

图2-366　短果枝HY-R03选1：田间不封行

二十九、零式果枝陕三原78-782

种质库编号：AM750131

种植圃编号：17D24R

种质来源：安徽省农业科学院棉花研究所

主要特异性状：株型筒形，零式果枝（果枝○式），果枝1～2果节，果节长度1～2厘米，或棉铃直接着生在主茎上。

中熟类型，植株色素腺体中；茎色日光红色，主茎硬度中，茎秆茸毛中；叶片掌状，叶色绿色，有叶基斑；花喇叭形，花冠乳白色，花药乳白色，无花瓣基斑，花萼波状，苞叶心形，苞齿数目9～13个，苞叶宿生；单株结铃30.0个；铃单生，铃红绿色、卵圆形，铃尖突出程度中，吐絮畅；单铃重5.5克，衣分28.7%，子指10.8克；种子有色素腺体、毛籽，短绒灰白色，纤维白色；纤维上半部平均长度26.2毫米，长度整齐度83.2%，断裂比强度23.5厘牛/特克斯，断裂伸长率6.3%，马克隆值2.9。如图2-367—图2-369所示。

图2-367　零式果枝陕三原78-782：单株

图2-368　零式果枝陕三原78-782:株型　　　　图2-369　零式果枝陕三原78-782:棉铃着生果枝节位

三十、零式棉3号

种质库编号:AM750120

种植圃编号:19A14

种质来源:安徽淮北

主要特异性状:株型筒形,植株无色素腺体,果枝Ⅰ式。

中熟类型,茎色绿色,主茎硬度中,茎秆茸毛多;叶片掌状,叶色绿色,叶裂刻中,叶片茸毛多,有叶基斑;花喇叭形,花冠乳白色,花药乳白色,无花瓣基斑,花萼波状,苞叶心形,苞齿数目11~13个,苞叶基部联合,有苞外蜜腺,苞叶宿生;单株结铃14.0个;铃单生,铃红绿色、卵圆形,铃尖突出程度中,吐絮畅;单铃重5.7克,衣分40.0%;种子无色素腺体、毛籽,短绒灰白色,纤维白色;纤维上半部平均长度29.5毫米,长度整齐度84.1%,断裂比强度32.1厘牛/特克斯,断裂伸长率5.1%,马克隆值5.5。如图2-370、图2-371所示。

图 2-371　零式棉 3 号：株行

图 2-370　零式棉 3 号：单株

三十一、红阔叶白絮

种质库编号：AM760251

种植圃编号：13B06

种质来源：安徽省农业科学院棉花研究所

主要特异性状：茎色红色，叶片掌状，叶色紫红色，花冠红白色，铃红绿色，纤维白色。

中熟类型，株型塔形，果枝Ⅲ式，植株色素腺体中；主茎硬度中，茎秆茸毛少、茸毛长度中；叶裂刻中、裂片 5 片，叶蜜腺 1 个，叶片茸毛少、茸毛长度中，有叶基斑；花喇叭形，花药乳白色，花丝乳白色，花柱长度中，无花瓣基斑，花萼波状，苞叶心形，苞齿数目 9～13 个，苞叶基部联合，有苞外蜜腺，苞叶宿生；铃单生，铃卵圆形，铃尖突出程度中，吐絮畅；单铃重 5.1 克，衣分 37.5%，子指 10.0 克；种子有色素腺体、毛籽，短绒灰白色；纤维上半部平均长度 28.0 毫米，长度整齐度 86.3%，断裂比强度 25.3 厘牛/特克斯，断裂伸长率 6.6%，马克隆值 5.4。如图 2-372—图 2-381 所示。

图2-372　红阔叶白絮:大田

图2-373　红阔叶白絮:子叶

图2-374　红阔叶白絮与普通绿叶棉子叶的
比较

图2-375　红阔叶白絮:棉苗

图2-376　红阔叶白絮:叶(正面)

图2-377　红阔叶白絮:叶(背面)

图2-378　红阔叶白絮:花苞

（a）花（顶视图）

图2-380　红阔叶白絮：开花第3日

（b）花（侧视图）

图2-379　红阔叶白絮：开花当日

图2-381　红阔叶白絮：铃

三十二、红阔叶光茎白絮-高衣分2系

种质库编号：AM760200

种植圃编号：17D16

种质来源：安徽省农业科学院棉花研究所

主要特异性状：茎秆光滑无茸毛，叶片掌状，叶色紫红色。

中熟类型，株型塔形，果枝Ⅲ式，植株色素腺体中；茎色红色，主茎硬度中，叶裂刻中、裂片5片，叶片茸毛少，有叶基斑；花喇叭形，花冠红白色，花药乳白色，花丝

乳白色,花柱长度中,无花瓣基斑,花萼波状,苞叶心形,苞齿数目11~13个,苞叶基部联合,有苞外蜜腺,苞叶宿生;铃单生,铃红绿色、卵圆形,铃尖突出程度中,吐絮畅;单铃重4.4克,衣分38.5%,子指9.1克;种子有色素腺体、毛籽,短绒白色,纤维白色;纤维上半部平均长度26.1毫米,长度整齐度83.7%,断裂比强度24.9厘牛/特克斯,断裂伸长率6.3%,马克隆值5.0。如图2-382—图2-384所示。

图2-382　红阔叶光茎白絮-高衣分2系:单株

图2-383　红阔叶光茎白絮-高衣分2系:主茎

图2-384　红阔叶光茎白絮-高衣分2系:花

三十三、红超鸡脚叶白絮

种质库编号：AM760040

种植圃编号：19SP02

种质来源：安徽省农业科学院棉花研究所

主要特异性状：叶片超鸡脚形，叶色紫红色，纤维白色。

中熟类型，株型塔形，果枝Ⅲ式，植株色素腺体少；茎色红色，主茎硬度软，茎秆茸毛少；叶裂刻中，叶片茸毛少，有叶基斑；花喇叭形，花冠红白色，花药乳白色，花丝乳白色，花柱长度中，无花瓣基斑，花萼波状，苞叶心形，苞齿数目9～13个，苞叶基部联合，有苞外蜜腺，苞叶宿生；单株结铃12.3个；铃单生，铃红绿色、卵圆形，铃尖突出程度中，吐絮畅；单铃重3.9克，衣分31.6%，子指9.0克；种子无色素腺体、毛籽，短绒深灰色；纤维上半部平均长度27.3毫米，长度整齐度77.9%，断裂比强度21.5厘牛/特克斯，断裂伸长率6.3%，马克隆值5.2。如图2-385—图2-389所示。

图2-385　红超鸡脚叶白絮：棉苗

图2-386　红超鸡脚叶白絮：叶（正面）

图2-387　红超鸡脚叶白絮：叶（背面）

图2-388　红超鸡脚叶白絮:单株

图2-389　红超鸡脚叶白絮:铃

三十四、红超鸡脚叶绿絮

种质库编号:AM760120

种植圃编号:13B13

种质来源:安徽省农业科学院棉花研究所

主要特异性状:叶片超鸡脚形,叶色紫红色,纤维灰绿色。

中熟类型,株型塔形,果枝Ⅲ式,植株色素腺体少;茎色红色,主茎硬度软,茎秆茸毛少;叶裂刻中,叶片茸毛少,有叶基斑;花喇叭形,花冠红白色,花药乳白色,花丝乳白色,花柱长度中,无花瓣基斑,花萼波状,苞叶心形,苞齿数目9～13个,苞叶基部联合,有苞外蜜腺,苞叶宿生;铃单生,铃红绿色、卵圆形,铃尖突出程度中,吐絮畅;单铃重3.8克,衣分21.9%,子指10.6克;种子有色素腺体、毛籽,短绒绿色;纤维上半部平均长度21.4毫米,长度整齐度77.7%,断裂比强度24.5厘牛/特克斯,断裂伸长率7.4%,马克隆值3.4。如图2-390—图2-395所示。

图 2-390　红超鸡脚叶绿絮：棉苗

图 2-391　红超鸡脚叶绿絮：叶（正面）

图 2-392　红超鸡脚叶绿絮：叶（背面）

图 2-393　红超鸡脚叶绿絮：蕾花铃

图 2-394　红超鸡脚叶绿絮：纤维

图 2-395　红超鸡脚叶绿絮：大田

三十五、红阔叶茎微毛白絮

种质库编号：AM760210

种植圃编号：17D18

种质来源：安徽省农业科学院棉花研究所

主要特异性状：叶片掌状，叶色紫红色，茎色红色，茎秆茸毛少，纤维白色。

中熟类型，株型塔形，果枝Ⅲ式，植株色素腺体中；叶裂刻中、裂片5片，有叶基斑；花喇叭形，花冠红白色，花药乳白色，花丝乳白色，无花瓣基斑，花萼波状，苞叶心形，苞齿数目9~13个，苞叶基部联合，有苞外蜜腺，苞叶宿生；铃单生，铃红绿色、卵圆形，铃尖突出程度中，吐絮畅；单铃重3.7克，衣分34.5%，子指9.4克；种子有色素腺体、毛籽，短绒灰白色；纤维上半部平均长度25.5毫米，长度整齐度83.9%，断裂比强度25.0厘牛/特克斯，断裂伸长率6.4%，马克隆值5.1。如图2-396—图2-398所示。

图2-396　红阔叶茎微毛白絮：棉苗

图2-397　红阔叶茎微毛白絮：花

图2-398　红阔叶茎微毛白絮：大田

三十六、红阔叶6TQ7

种质库编号：AM760271

种植圃编号：13B09

种质来源：安徽省农业科学院棉花研究所

主要特异性状：茎色红色，叶片掌状，叶色紫红色，纤维白色。

中熟类型，株型塔形，果枝Ⅲ式，植株色素腺体中；茎秆茸毛少，叶裂刻中、裂片3~5片，有叶基斑；花喇叭形，花冠红白色，花药乳白色，花丝乳白色，无花瓣基斑；铃单生，铃红绿色、卵圆形，铃尖突出程度中，吐絮畅；单铃重4.9克，衣分28.4%，子指10.3克；种子有色素腺体、毛籽，短绒灰白色；纤维上半部平均长度27.5毫米，长度整齐度83.8%，断裂比强度27.6厘牛/特克斯，断裂伸长率6.6%，马克隆值4.2。如图2-399、图2-400所示。

图2-399　红阔叶6TQ7：单株

图2-400　红阔叶6TQ7：花和蕾

三十七、亚红叶

种质库编号：AM730101

种植圃编号：15D22

种质来源：安徽省农业科学院棉花研究所(红叶棉/南抗6号一选)

主要特异性状：茎色红绿色,叶片掌状,叶色红绿色,花冠红白色,纤维白色。

中早熟类型,株型塔形,果枝Ⅲ式,植株色素腺体中;茎秆茸毛少,叶裂刻中、裂片3～5片,叶片茸毛多,有叶基斑;花喇叭形,花药红白色,花丝乳白色,无花瓣基斑;铃单生,铃红绿色、卵圆形,铃尖突出程度中,吐絮畅;单铃重5.1克,衣分39.9%;种子有色素腺体、毛籽,短绒灰白色;纤维上半部平均长度31.3毫米,长度整齐度87.0%,断裂比强度30.6厘牛/特克斯,断裂伸长率7.1%,马克隆值5.0。如图2-401—图2-404所示。

图2-401　亚红叶:棉苗

图2-402　亚红叶:冠层

图2-403　亚红叶:蕾

图2-404　亚红叶:花

三十八、红色花斑超鸡脚叶

种质库编号:AM730241

种植圃编号:19E07N

种质来源:安徽省农业科学院棉花研究所

主要特异性状:彩色花斑叶类型,叶片超鸡脚形,呈红底绿色花斑型斑驳色;株型塔形,果枝Ⅲ式,植株色素腺体中;茎色紫色,茎秆茸毛多;叶片裂刻深,叶片茸毛多;花喇叭形,花冠粉红色,花药黄色,无花瓣基斑;铃单生,铃红色、卵圆形,铃尖突出程度弱;单铃重4.6克,衣分33.3%,子指12.3克;种子有色素腺体、毛籽,短绒灰白色,纤维白色;纤维上半部平均长度22.8毫米,长度整齐度82.1%,断裂比强度23.6厘牛/特克斯,断裂伸长率7.1%,马克隆值5.5。如图2-405—图2-411所示。

图2-405　红色花斑超鸡脚叶:苗期

图2-406　红色花斑超鸡脚叶:单株

图2-407　红色花斑超鸡脚叶:叶片(正面)

图2-408　红色花斑超鸡脚叶:叶片(背面)

图2-409　红色花斑超鸡脚叶：蕾

图2-410　红色花斑超鸡脚叶：花

图2-411　红色花斑超鸡脚叶：花铃期

三十九、红绿色花斑叶

种质库编号：AM730305

种植圃编号：19EP25

种质来源：安徽省农业科学院棉花研究所

主要特异性状：彩色花斑叶类型，叶片呈绿底红色花斑型斑驳色；株型塔形，果枝Ⅲ式，植株色素腺体中；茎色紫色，茎秆茸毛多；叶片裂刻浅，叶片茸毛多；花喇叭形，花冠粉红色，花药白色，无花瓣基斑；铃单生，铃红色、卵圆形，铃尖突出程度弱；单铃重4.4克，衣分33.1%，子指11.8克；种子有色素腺体、毛籽，短绒灰白色，纤维白色；纤维上半部平均长度26.4毫米，长度整齐度77.4%，断裂比强度21.6厘牛/特克斯，断裂伸长率6.2%，马克隆值5.2。如图2-412—图2-415所示。

图2-412　红绿色花斑叶:冠层

图2-413　红绿色花斑叶:叶(正面)

图2-414　红绿色花斑叶:叶(背面)

图2-415　红绿色花斑叶:蕾

四十、红绿色花斑鸡脚叶

种质库编号:AM730261

种植圃编号:17C14R

种质来源:安徽省农业科学院棉花研究所

主要特异性状:彩色花斑叶类型,叶片鸡脚形,呈绿底红白色花斑型斑驳色;株型塔形,果枝Ⅲ式,植株色素腺体中;茎色紫色,茎秆茸毛多;叶片裂刻深,叶片茸毛多;花喇叭形,花冠粉红色,无花瓣基斑;铃单生,铃红色、卵圆形,无铃尖突出;单铃重5.3克,衣分31.3%,子指11.6克;种子有色素腺体、毛籽,短绒灰白色,纤维白色;纤维上半部平均长度24.6毫米,长度整齐度81.7%,断裂比强度24.0厘牛/特克斯,断裂伸长率7.2%,马克隆值4.5。如图2-416—图2-420所示。

图 2-416　红绿色花斑鸡脚叶：冠层

图 2-417　红绿色花斑鸡脚叶：蕾

图 2-418　红绿色花斑鸡脚叶：蕾期

如图 2-419　红绿色花斑鸡脚叶：花铃期

如图 2-420　红绿色花斑鸡脚叶：铃

四十一、黄绿色花斑叶

种质库编号：AM730254

种植圃编号：19D30W

种质来源：安徽省农业科学院棉花研究所

主要特异性状：彩色花斑叶类型，叶片呈黄绿底白色花斑型斑驳色；植株矮小，长势弱，株型塔形，果枝Ⅲ式；茎色日光红色，茎秆茸毛少；花喇叭形，花冠乳白色，无花瓣基斑；铃单生，铃红色、卵圆形，铃尖无突中；单铃重5.9克，衣分34.2%，子指11.5克；种子有色素腺体、毛籽，短绒灰白色，纤维白色；纤维上半部平均长度26.9毫米，长度整齐度77.8%，断裂比强度24.8厘牛/特克斯，断裂伸长率6.5%，马克隆值5.0。如图2-421—图2-426所示。

图2-421　黄绿色花斑叶：冠层

图2-422　黄绿色花斑叶：单株

图2-423　黄绿色花斑叶：蕾

图2-424　黄绿色花斑叶:蕾期

图2-425　黄绿色花斑叶:花铃期

图2-426　黄绿色花斑叶:铃

四十二、绿色花斑叶

种质库编号:AM730292

种植圃编号:19E19Y

种质来源:安徽省农业科学院棉花研究所

主要特异性状:彩色花斑叶类型,叶片呈绿底黄色花斑型斑驳色;植株矮小,长势弱,株型塔形,果枝Ⅲ式;茎色日光红色,茎秆茸毛少;花喇叭形,花冠乳白色,无花瓣基斑;铃单生,铃红色、卵圆形,铃尖突出中;单铃重5.1克,衣分31.6%,子指14.0克;种子有色素腺体、毛籽,短绒灰白色,纤维白色;纤维上半部平均长度25.8毫米,长度整齐度79.2%,断裂比强度27.6厘牛/特克斯,断裂伸长率6.2%,马克隆值3.9。如图2-427—图2-429所示。

图2-427　绿色花斑叶：叶片

图2-428　绿色花斑叶：单株

图2-429　绿色花斑叶：株行

四十三、黄红皱缩叶

种质库编号：AM730161

种植圃编号：19E33

种质来源：安徽省农业科学院棉花研究所

主要特异性状：彩色皱缩叶类型，叶片呈黄红色、裂片3～5片，叶片主脉所在裂片平展、支脉裂片基部向下缢缩；株型塔形，果枝Ⅲ式，植株色素腺体中；茎色红色，茎秆茸毛中；花喇叭形，花冠粉红色，花药乳白色，无花瓣基斑，苞叶窄卷；铃单生，铃红绿色、卵圆形，铃尖突出程度中；单铃重2.5克，衣分30.0%，子指12.6克；种子有色素腺体、毛籽，短绒棕色，纤维棕色；纤维上半部平均长度24.0毫米，长度整齐度77.7%，断裂比强度24.2厘牛/特克斯，断裂伸长率6.9%，马克隆值2.3。如图2-430、图2-431所示。

图2-430　黄红皱缩叶：叶片

图2-431　黄红皱缩叶：冠层

四十四、红绿色卷叶

种质库编号：AM730380

种植圃编号：19D09WN

种质来源：安徽省农业科学院棉花研究所

主要特异性状：杯状叶类型，叶片向上向内翻卷、正面红绿色、背面紫红色；株型筒形，果枝Ⅱ式；茎色紫色，茎秆茸毛中；叶片裂刻中、裂片3片，有叶基斑；花冠粉红色、苞叶窄卷；铃红色，单铃重3.5克，衣分17.4%，子指15.2克；短绒白色，纤维白色；纤维上半部平均长度28.8毫米，长度整齐度74.0%，断裂比强度25.3厘牛/特克斯，断裂伸长率6.2%，马克隆值2.3。如图2-432、图2-433所示。

图2-432　红绿色卷叶:单株(前期)

图2-433　红绿色卷叶:单株(后期)

四十五、黄红色卷叶

种质库编号:AM730150

种植圃编号:19D10N

种质来源:安徽省农业科学院棉花研究所

主要特异性状:杯状叶类型,叶片向上向内翻卷、正面黄红色、背面紫红色;株型塔形,果枝Ⅲ式;茎色紫色,茎秆茸毛中;叶片裂刻中、裂片3片,有叶基斑;苞叶心形,苞齿卷曲;单铃重3.7克,衣分12.9%,子指11.9克;短绒白色,纤维白色;纤维上半部平均长度27.7毫米,长度整齐度75.6%,断裂比强度23.4厘牛/特克斯,断裂伸长率6.0%,马克隆值2.0。如图2-434、图2-435所示。

图2-434　黄红色卷叶:冠层

图2-435　黄红色卷叶:单株

四十六、黄绿红色卷叶

种质库编号:AM730152

种植圃编号:19D17Y

种质来源:安徽省农业科学院棉花研究所

主要特异性状:杯状叶类型,叶片向上向内翻卷、正面黄绿色、背面紫红色;株型塔形,果枝Ⅲ式;茎色紫色,茎秆茸毛中;叶片裂刻中、裂片3片,有叶基斑;苞叶心形或苞叶窄卷;单铃重3.7克,衣分20.3%,子指13.8克;种子有色素腺体、毛籽,短绒深灰色,纤维白色;纤维上半部平均长度28.8毫米,长度整齐度74.6%,断裂比强度28.7厘牛/特克斯,断裂伸长率6.4%,马克隆值2.3。如图2-436—图2-438所示。

图2-436　黄绿红色卷叶:冠层

图2-437 黄绿红色卷叶：单株

图2-438 黄绿红色卷叶：株行

四十七、黄绿色卷叶

种质库编号：AM730151

种植圃编号：19D09WN

种质来源：安徽省农业科学院棉花研究所

主要特异性状：杯状叶类型，叶片向上向内翻卷、黄绿色；株型塔形，果枝Ⅲ式；茎色紫色，茎秆茸毛中；叶片裂刻中、裂片3片，有叶基斑；苞叶心形或苞叶窄卷；单铃重3.5克，衣分17.4%，子指15.2克；种子有色素腺体、毛籽，短绒深灰色，纤维白色；纤维上半部平均长度28.8毫米，长度整齐度74.0%，断裂比强度25.3厘牛/特克斯，断裂伸长率6.2%，马克隆值2.3。如图2-439—图2-441所示。

图2-439 黄绿色卷叶：冠层

图2-440　黄绿色卷叶:单株

图2-441　黄绿色卷叶:株行

四十八、绿色卷叶T582

种质库编号:AM730030

种植圃编号:19D11

种质来源:引自中国农业科学院棉花研究所

主要特异性状:杯状叶类型,叶片绿色、向上向内翻卷,形似瓢杯;株型塔形,果枝Ⅲ式,植株无色素腺体;茎色绿色,主茎硬度中,茎秆茸毛少、茸毛长度中;叶片叶裂刻中、裂片3片,有叶基斑;花喇叭形,花冠乳白色,无花瓣基斑,苞叶窄卷;铃单生,铃绿色、锥形,铃尖突出程度弱;单铃重3.5克,衣分34.6%,子指10.2克;种子无色素腺体、毛籽,短绒灰黑色,纤维白色;纤维上半部平均长度29.0毫米,长度整齐度75.4%,断裂比强度25.9厘牛/特克斯,断裂伸长率6.6%,马克隆值3.9。如图2-442—图2-444所示。

图2-442　绿色卷叶T582:冠层

图2-443　绿色卷叶T582:单株

图2-444　绿色卷叶T582:棉铃

第四节　特殊表型变异

　　经典遗传学认为,基因是控制生物性状的遗传因子。表型变异既可能是自然状态下发生的、受到物理或化学因素诱发产生的基因突变,也可能是在没有特设的诱变条件下,由外界环境条件的自然作用或生物体内的生理和生化变化而发生的"自发突变",还有可能产生染色体的结构变异。

　　大多数基因的突变不利于生物的生长发育,因为突变打破了生物与环境的协调关系,干扰了生物内部生理生化的常态。少数对生物体有利的突变,对人类而言却不一定具有经济价值。有些突变效应表现明显,容易识别(大突变),有些突变效应表现微小,较难察觉(微突变)。只有将变异体与原始亲本进行比较,鉴定性状变异是否为可遗传的变异,才能判断是否为真正的突变。

　　表型变异形成不同的表现型,丰富了变异类型,也为人工选择提供了丰富的基础材料。棉花生长过程中,器官的形成和发育都具有一定的可塑性,环境条件中的

很多生物及非生物因素都可以调控相关基因的表达,影响个体发育和性状的表现。但棉花在自然条件下突变发生的频率比较低,突变的性状往往在发生突变的当代与原有性状一起出现(也称为"嵌合体"),且突变大多不具备重演性,即相同的基因突变很少在不同的个体间重复出现。

　　本节收录了作者在多年的棉花育种及种质资源研究工作实践中发现的特殊表型变异种质资源,其中大部分都属于不可遗传的表型变异,难以在后代中重演和验证,甚至是致死型突变,无法保存繁殖材料。但这些特殊表型变异性状的发现和积累,对于分析棉花种质资源的性状遗传以及种质改良具有较好的启示作用。

　　本节最后展示了作者近些年在彩叶观赏棉研究方面的初步成果,主要是通过红叶棉、黄叶棉与普通绿叶棉相互杂交再回交或复交,培育出了一系列彩色叶片棉花新种质。这些彩叶种质的培育为棉花在园艺栽培以及构建农作物大地景观等方面的应用提供了基础材料。

一、双柄双叶

　　种植圃编号:10G29

　　变异来源种质名称:(鄂抗6号×铜抗5号)F_2

　　变异发现时间、地点:2010年,安徽省安庆市

　　主要特异性状:主茎同一节位生出2个叶柄平行融合在一起,直到叶柄与叶片连接处分开,每个叶柄顶端分别生出1片正常叶片。叶片掌状,叶色绿色,叶裂刻浅、裂片5片,叶蜜腺1个,有叶基斑。如图2-445—图2-449所示。

图2-445　双柄双叶:顶视图

图2-446　双柄双叶:侧视图

图2-447　双柄双叶:叶柄融合

图2-448　双柄双叶:主茎着生状(内侧)

图2-449　双柄双叶:主茎着生状(外侧)

二、三瓣蝶形花

种植圃编号:09A23S

变异来源种质名称:中521

变异发现时间、地点:2009年,安徽省安庆市

主要特异性状:花蝶形,花冠仅由3片独立的花瓣构成。花瓣纵向对折,以逆时针方向相互覆盖旋转折叠,上部交织缠绕在一起,花冠顶端几乎呈闭合状,开花当日花瓣呈粉红色。变异材料次年继续种植,与其原亲本性状表现无显著差异,花冠由5片独立的花瓣构成。如图2-450、图2-451所示。

图 2-450　三瓣蝶形花:花(顶视图)

图 2-451　三瓣蝶形花:花(侧视图)

三、杯状花冠红花

　　种植圃编号: 17D16

　　变异来源种质名称: 红阔叶光茎白絮高衣分2系

　　变异发现时间、地点: 2017年,安徽省安庆市

　　主要特异性状: 花冠杯状,花冠由5片独立的花瓣构成,花瓣基部覆盖旋转折叠,开花当日花瓣上部相互交织连接在一起,花冠顶端呈圆形,花冠侧视形似杯状,花冠红白色。变异材料次年继续种植,变异性状存在分离,但仍然有部分植株表现杯状花冠变异性状。如图2-452、图2-453所示。

图 2-452　杯状花冠红花:花(侧视图)

图 2-453　杯状花冠红花:花(顶视图)

四、淡粉色花瓣

种植圃编号：13C41

变异来源种质名称：棕絮NN2067抗

变异发现时间、地点：2013年，安徽省安庆市

主要特异性状：开花当日花瓣呈淡粉色。花喇叭形，花瓣5片，花药乳白色，花丝乳白色，花柱长度中等，无花瓣基斑。变异材料次年继续种植，与其原亲本性状表现无显著差异，花瓣呈乳白色。如图2-454所示。

图2-454　淡粉色花瓣

五、相邻节位同日开花系

种植圃编号：10WSG25N1

变异来源种质名称：07By_k3

变异发现时间、地点：2010年，安徽省安庆市

主要特异性状：主茎第1台果枝第3、第4节位同日开花，且都是正常现蕾开花，非赘芽、非桠果。变异材料为双隐性核不育系分类后代，人工辅助授粉后，2朵同时开放的花均正常成铃、吐絮。如图2-455—图2-458所示。

图2-455　相邻节位同日开花系：田间环境

图2-456　相邻节位同日开花系：第1台果枝第3、第4节位同日开花

图2-457　相邻节位同日开花系:第1果枝第3
节位开花

图2-458　相邻节位同日开花系:第1果枝第4
节位开花

六、双子房双柱头

种植圃编号:12E32

变异来源种质名称:9N8光籽

变异发现时间、地点:2012年,安徽省安庆市

主要特异性状:双子房、双柱头,即同一朵花内2个子房、2个柱头,每个子房及花柱外面都包围着雄蕊管,雄蕊管基部与花瓣相连。花喇叭形,花冠乳白色、花瓣10片,花药乳白色,花丝乳白色,花柱长度长,无花瓣基斑,苞叶三角形,苞叶3片,苞齿细长、苞齿9~11个。雄蕊能正常产生花粉,柱头能分泌黏液,人工辅助受精后幼铃脱落,未收获种子。如图2-459—图2-463所示。

图2-459　双子房双柱头:花苞(开花前1日
上午)

图2-460　双子房双柱头:花苞(开花前1日
下午)

图2-461　双子房双柱头:花(开花当日)　　　图2-462　双子房双柱头:花蕊(开花当日)

图2-463　双子房双柱头:开花次日

七、双子房多柱头

种植圃编号:12E33

变异来源种质名称:9N8

变异发现时间、地点:2012年,安徽省安庆市

主要特异性状:双子房、多柱头,即同一朵花内2个子房、2个花柱,每个子房及花柱外面都包围着雄蕊管,雄蕊管基部与花瓣相连,柱头沿纵沟分开成单个的棒状,柱头10个,弯曲缠绕在一起。花喇叭形,花冠乳白色、花瓣10片,花药乳白色,花丝乳白色,花柱长度长,无花瓣基斑;苞叶三角形,苞叶3片,苞齿细长、苞齿9～11个。雄蕊能正常产生花粉,柱头能分泌黏液,人工辅助受精后幼铃脱落,未收获种子。如图2-464—图2-466所示。

图2-464　双子房多柱头：花蕊

图2-465　双子房多柱头：花（开放前）

图2-466　双子房多柱头：花（开放后）

八、六瓣棉铃

种植圃编号：12C28

变异来源种质名称：淮杂5号R

变异发现时间、地点：2012年，安徽省安庆市

主要特异性状：棉铃卵圆形，铃肩6条，棉铃6室。苞叶三角形，苞齿粗短、苞齿7个。铃单生，铃面光滑、有多酚色素腺体，铃绿色、无铃尖突出。棉铃成熟后开裂吐絮，但铃内无成熟种子，仅有少量未成熟的短纤维。如图2-467、图2-468所示。

图2-467 六瓣棉铃:铃(顶视图)

图2-468 六瓣棉铃:铃(侧视图)

九、八瓣棉铃

种植圃编号:09A21W

变异来源种质名称:省工棉2号

变异发现时间、地点:2009年,安徽省安庆市

主要特异性状:棉铃椭球形,铃肩8条,棉铃8室。苞叶三角形,苞齿细长、苞齿5~9个;铃丛生,铃面光滑、多酚色素腺体少,铃绿色、无铃尖突出。棉铃成熟后开裂吐絮,但铃内无成熟种子,仅有少量未成熟的短纤维。如图2-469、图2-470

图2-469 八瓣棉铃:铃(顶视图)

图2-470 八瓣棉铃:铃(侧视图)

所示。

十、红色八瓣棉铃

种植圃编号：19D17Y

变异来源种质名称：红绿卷叶系

变异发现时间、地点：2019年，安徽省安庆市

主要特异性状：棉铃椭球形，铃肩8条，棉铃8室。苞叶窄卷，苞齿细长、苞齿3～5个；铃丛生，铃面光滑、有多酚色素腺体，铃红色、无铃尖突出。棉铃成熟后开裂吐絮，但铃内无成熟种子，仅有少量未成熟的短纤维。如图2-471所示。

图2-471　红色八瓣棉铃

十一、绿色一柄双铃

种植圃编号：10WSF35

变异来源种质名称：鲁棉1号

变异发现时间、地点：2010年，安徽省安庆市

主要特异性状：一个果枝节位着生1个铃柄，铃柄顶端生出2个棉铃，苞叶4片，一圈波状萼片围绕在2个棉铃的基部。棉铃卵圆形、5室；苞叶三角形，苞齿7～9个；铃面光滑、有多酚色素腺体，铃绿色、铃尖突出程度中。2个棉铃均正常成熟、吐絮。变异材料次年继续种植，与其原亲本性状表现无显著差异，铃壳开裂正常。如图2-472—图2-474所示。

图2-472　绿色一柄双铃：铃（顶视图）

图 2-473　绿色一柄双铃：铃（侧视图）

图 2-474　绿色一柄双铃：铃壳

十二、红色一柄双铃

种植圃编号：19D10N

变异来源种质名称：低酚红绿卷叶系

变异发现时间、地点：2019 年，安徽省安庆市

主要特异性状：一个果枝节位着生 1 个铃柄，铃柄顶端生出 2 个棉铃，苞叶 3 片，一圈波状萼片围绕在 2 个棉铃的基部。棉铃卵圆形，4 室；苞叶窄卷，苞齿 3～5 个；铃面光滑、无多酚色素腺体，铃红色、无铃尖突出。2 个棉铃均正常成熟、吐絮。变异材料次年继续种植，与其原亲本性状表现无显著差异，铃壳开裂正常。如图 2-475 所示。

图 2-475　红色一柄双铃

十三、长铃柄

种植圃编号:13MS05

变异来源种质名称:荃银棉8号

变异发现时间、地点:2013年,安徽省合肥市

主要特异性状:变异单株全部棉铃铃柄长度为7.5～10厘米,铃柄长度为棉铃高度的1.5～2倍。苞叶三角形,苞齿数目9～11个,苞叶基部联合;铃单生,铃红绿色、卵圆形,铃尖突出程度弱,单铃4室。变异材料次年继续种植,与其原亲本性状表现无显著差异,铃柄长度正常。如图2-476—图2-478所示。

图2-476　长铃柄:变异单株(果枝)

图2-477　长铃柄:铃柄长度10厘米

图2-478　长铃柄:铃柄长度7.5厘米

十四、铃壳闭合

种植圃编号：10WSF20

变异来源种质名称：中AR681-316

变异发现时间、地点：2010年，安徽省安庆市

主要特异性状：棉铃成熟后失水开裂，但铃壳尖端联合在一起不分开，棉铃从铃肩处裂开，露出铃内棉瓣。铃单生，铃绿色、长卵圆形，铃尖突出程度中，单铃5室。变异材料次年继续种植，与其原亲本性状表现无显著差异，铃壳开裂正常。如图2-479、图2-480所示。

图2-479　铃壳闭合：铃壳尖端联合　　图2-480　铃壳闭合：铃壳闭合系（左）与正常
　　　　　　　　　　　　　　　　　　　　　　　开裂吐絮棉铃（右）

十五、彩色叶系

种质来源：安徽省农业科学院棉花研究所

主要特异性状：通过红叶棉、黄叶棉与普通绿叶棉相互杂交再回交或复交，培育出一系列彩色叶片棉花新种质。其中部分彩色叶种质性状尚未完全纯合，分离世代正在继续选择之中。如图2-481—图2-486所示。

图 2-481　彩色叶系 18E23:紫红色叶、叶面有
光泽

图 2-482　彩色叶系 7C01:粉红色叶

图 2-483　彩色叶系 7C01:黄红色叶

图 2-484　彩色叶系 7C01:黄绿红色叶

图 2-485　彩色叶系 18D11E6:粉绿色叶

图 2-486　彩色叶系 18D02:黄绿色叶、叶缘
上卷

第三章

海岛棉
种质资源

第一节　海岛棉种质资源概述

海岛棉（*Gossypium barbadense* L.）是棉属4个栽培种的两个四倍体棉种之一,属于(AD)$_2$基因组,染色体数为52条(2n=4x=52)。海岛棉种质的早期驯化可能发生在南美洲西北部沿海地区,其纤维品质好,具有长、强、细等优良特性,所以也被称为"长绒棉"。与广泛种植的陆地棉相比,海岛棉产量较低,生长期较长;海岛棉对于日照长度比较敏感,一般需要在短日照和夜温较低时才能开花,较长的日照会导致海岛棉只开花而不能结铃。因此,海岛棉适宜栽培的地域有限,现今只在非洲的埃及、苏丹以及美洲的秘鲁、美国等地仍然有小面积种植。我国新疆的吐鲁番市以及阿克苏市的阿瓦提县是海岛棉(长绒棉)的适宜种植区。

海岛棉为多年生灌木或一年生亚灌木,具有潜在的多年生习性,植株比较高大,能长成灌木或是小树,株高1~3米。茎秆粗壮,具有少数或多数强直的叶枝。茎枝多为光滑无茸毛,小枝和幼叶有完全无毛到浓密的长茸毛等多种类型。果枝长,果节一般较多。

海岛棉子叶稍大,近似半圆形,深绿色,基点呈淡绿色。成熟叶片大而薄,叶色深绿色且有光泽;通常具有3~5个裂片,裂片较狭长而趋向渐尖,缺刻深达1/2~2/3叶片宽度,少数品种为鸡脚叶形和超鸡脚叶形;叶片只有正面(即近轴面)具有一层发育的栅栏组织,而背面则为由4~5层不规则细胞组成的海绵组织,被称为"背腹叶";叶面茸毛较稀或无毛,但叶背茸毛一般较多;叶面呈现明显的弯曲或卷曲,以减少光抑制并使整个白天有更多的光线穿透照射到植株冠层;叶柄长而粗,使叶片在整个发育过程中保持水平方向平展,有利于充分利用光能;海岛棉的叶序多为3/8螺旋式,少数为2/5螺旋式。

海岛棉苞叶呈心脏形,长宽几乎相等,有10~15个长而尖细的齿。

海岛棉花器大,花冠超出苞叶,前端聚拢稍微张开;花瓣鲜黄色,有紫红色基斑。雄蕊管长,全部具花药。花药密集在短的花丝上,花粉粒较大,花粉为橘黄色,能够产生较多的低蔗糖含量的花蜜,略有黏性,较难随风传播;柱头在顶端联合,或者在靠近顶端半裂,但不全裂开;柱头在开花期间一般可接受花粉,但柱头远高于花药,这增加了异花授粉的可能性。

海岛棉棉铃成熟期较长,从开花到棉铃成熟、开裂吐絮需要60～90天。棉铃(蒴果)瘦长、中等偏小,长3.5～6厘米,稀见小的。棉铃深绿色,常具有3室,基部较宽,顶部尖锐,有时明显现出肩角。铃面粗糙,多酚色素腺体多且凹陷明显。铃柄较粗短而挺直;铃壳厚且基部不裂开,所以裂铃吐絮不畅,含絮力强,不便于采收;每铃室有5～8粒种子。

海岛棉种子较大,子指一般为10～20克,多为光籽或端毛籽,脉纹较不明显。

海岛棉纤维品质好,栽培的海岛棉纤维长度一般都在33毫米以上,长的超过50毫米,纤维宽度约为15微米,纤维细且软,适合纺高支纱。

多数海岛棉种子没有短绒,轧花加工后,不需脱绒即可获得光籽。

第二节 海岛棉种质资源

一、Giza77

种质库编号:AM900010

种植圃编号:19EP10

种质来源:引自中国农业科学院棉花研究所

性状特征:极晚熟类型,株型塔形,植株高大、松散,株高243.3厘米,果枝Ⅳ式,植株色素腺体中;茎色日光红色,主茎粗硬,茎秆光滑无茸毛;叶片鸡脚形,叶色深绿色,叶裂刻深、裂片3～5片,叶蜜腺3～5个,叶片无茸毛,有叶基斑;花筒形,花冠黄色、花冠长,花药黄色,花丝乳白色,花柱长度中,花瓣基斑紫色,花萼波状,苞叶心形,苞齿细、苞齿数目19～21个,苞叶基部联合,有苞外蜜腺,苞叶宿生;第一果枝节位12.0节,单株果枝数30.3台,单株结铃4.3个;铃单生,铃绿色、圆锥形,铃尖突出程度中,吐絮畅;单铃3室,单铃重1.5克,衣分33.3%,子指10.5克;种子有色素腺体、稀毛,短绒棕灰色,纤维乳白色;纤维上半部平均长度38.9毫米,长度整齐度79.7%,断裂比强度46.6厘牛/特克斯,断裂伸长率7.5%,马克隆值3.6。如图3-1—图3-8所示。

图3-1 Giza77:种子

图3-2 Giza77:幼苗

图3-3 Giza77:苗期

图3-4 Giza77:花苞(顶视图)

图3-5 Giza77:花(顶视图)

图 3-7　Giza77：幼铃

图 3-6　Giza77：花（侧视图）

图 3-8　Giza77：吐絮棉铃

二、Pima90-53

种质库编号： AM900020

种植圃编号： 19EP07

种质来源： 引自中国农业科学院棉花研究所

性状特征： 极晚熟类型，株型塔形，植株高大、松散，株高226.7厘米，果枝Ⅳ式，植株色素腺体中；茎色日光红色，主茎粗硬，茎秆光滑无茸毛；主茎下部3~5片叶为阔叶、向上叶裂刻逐渐加深呈鸡脚形，叶色深绿色有光泽，叶裂片3~5片，叶蜜腺3~5个，叶片无茸毛，有叶基斑；花筒形，花冠黄色、花冠长，花药黄色，花丝乳白色，花柱长度中，花瓣基斑紫色，花萼波状，苞叶心形，苞齿数目13~17个，苞叶基部联合，有苞外蜜腺，苞叶宿生；第一果枝节位7.3节，单株果枝数28.3台，单株结铃9.0个；铃单生，铃绿色、圆锥形，铃尖突出，吐絮紧；单铃2~3室，单铃重1.8克，衣分36.2%，子指11.9克；种子有色素腺体、端毛，短绒灰绿色，纤维乳白色；纤维上半部

平均长度37.2毫米,长度整齐度79.9%,断裂比强度47.4厘牛/特克斯,断裂伸长率7.4%,马克隆值3.6。如图3-9—图3-18。

图3-9　Pima90-53:种子

图3-10　Pima90-53:幼苗

图3-11　Pima90-53:苗期

图3-12　Pima90-53:蕾

图3-13　Pima90-53:花(顶视图)

图3-14　Pima90-53:花(侧视图)

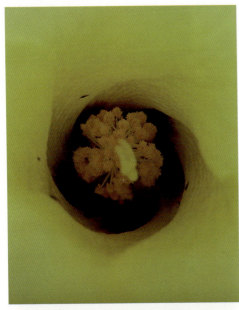

图3-15　Pima90-53:花蕊

图3-16　Pima90-53:幼铃

图3-17　Pima90-53:吐絮棉铃

图3-18　Pima90-53:株行

三、海7124

种质库编号:AM900040

种植圃编号:19EP08

种质来源:引自中国农业科学院棉花研究所

性状特征:晚熟类型,株型塔形,植株高大,株高232.3厘米,植株色素腺体中;茎色日光红色,主茎硬度硬,茎秆光滑无茸毛;主茎下部3~5片叶掌状、向上叶裂

刻逐渐加深呈鸡脚形,叶色深绿色,叶裂片3片,叶蜜腺1~3个,叶片茸毛少、茸毛长度短,有叶基斑;花筒形,花冠黄色、花冠长,花药黄色,花丝乳白色,花柱长度中,无花瓣基斑,花萼波状,苞叶心形,苞齿数目13个,苞叶基部联合,有苞外蜜腺,苞叶宿生;第一果枝节位9.0节,单株果枝数31.3台,单株结铃14.7个;铃单生,铃绿色、圆锥形,铃尖突出,吐絮紧;单铃3室,单铃重2.5克,衣分32.0%,子指11.2克;种子有色素腺体、端毛,短绒灰绿色,纤维乳白色;纤维上半部平均长度35.2毫米,长度整齐度77.0%,断裂比强度36.7厘牛/特克斯,断裂伸长率7.1%,马克隆值3.4。如图3-19—图3-22所示。

图3-19　海7124:棉苗

图3-20　海7124:心叶

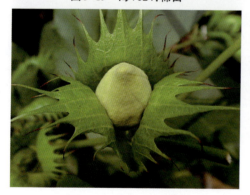

图3-21　海7124:花苞

图3-22　海7124:幼铃

四、海陆混型(海7124×中棉所50)

种质库编号:AM820081

种植圃编号:19F02

　　种质来源:安徽省农业科学院棉花研究所[(海7124×中棉所50)F₇]

　　性状特征:海岛棉与陆地棉杂交后代(F₇),中熟类型,株型塔形,果枝Ⅲ式,植株色素腺体中;茎色绿色,主茎硬度中,茎秆茸毛中、茸毛长度中;叶片为阔叶,叶色绿色有光泽,叶裂刻浅、裂片3~5片,叶蜜腺3个,叶片茸毛少、茸毛长度中,有叶基斑;花喇叭形,花冠乳白色,花药乳白色,花丝乳白色,花柱长度中,无花瓣基斑,花萼波状,苞叶心形,苞齿数目9~13个,苞叶基部联合,有苞外蜜腺,苞叶宿生;铃单生,铃红绿色、卵圆形,吐絮畅;单铃5室,单铃重5.6克,衣分34.2%,子指11.6克;种子有色素腺体、毛籽,短绒棕灰色,纤维白色;纤维上半部平均长度30.0毫米,长度整齐度78.4%,断裂比强度33.3厘牛/特克斯,断裂伸长率6.9%,马克隆值4.5。如图3-23—图3-26所示。

图3-23　海岛型棉苗

图3-24　陆地型棉苗

图3-25　海陆混型棉苗

图3-26　海陆混型大田植株

第四章

二倍体棉
种质资源

第一节　亚洲棉种质资源概述

亚洲棉(*Gossypium arboretum* L.)是棉属4个栽培种之一,为二倍体棉种(2n= 26)、A₂基因组。亚洲棉是古老的棉花栽培种,历史上曾在亚洲广泛种植,其分布从西亚的阿拉伯半岛向东包括印度和中国,并一直延伸到东亚的朝鲜。在古代,亚洲棉的地理小种起源于中国南方地区,并从西南向西北方向扩散,在中国东部的长江流域和黄河流域大面积种植,形成了多个地方品系,所以亚洲棉也曾被称为"中棉"。

栽培种亚洲棉是典型的短绒棉,纤维较粗短,产量较低,其商业利用价值较低,在大面积生产上已被陆地棉取代。

亚洲棉纤维短而粗硬,具有较高的弹性,加工成的棉衣、棉被具有蓬松度高、保暖性强、透气性好等优良特性,因而在局部地区仍然有小面积零星种植,主要用于加工棉衣、棉被等。粗而短的棉纤维也是现代纺织业加工牛仔布、棉毯等的重要原料。

亚洲棉粗短纤维的可利用性及其对气候干旱、土壤贫瘠等极端环境的特殊适应性,决定了亚洲棉是一种重要的种质资源,在棉花遗传育种上具有重要的利用价值。

经过人工选择培育的亚洲棉短纤维品种,早熟性好,抗逆性较强,在干旱、贫瘠的土壤上,仍然可以作为棉花生产的首选栽培种。

亚洲棉多为一年生的亚灌木,植株较为矮小,株高0.5～1.5米,叶枝很少发生或无叶枝。主茎细弱,小枝和幼叶上覆盖着纤细的灰白色柔毛或长毛。

叶序通常为1/3螺旋式,即相邻两片叶平均绕轴120度;叶片有5～7个裂片,缺刻深,一般在2/3～4/5叶片宽度;裂片长卵圆形或狭长形,顶端尖、基部稍缢缩,常有小的副裂片;叶上有丛生的星芒状单细胞毛;叶柄较短。

苞叶呈长三角形,紧紧包裹着蕾和花,全缘或有5～8个短且宽的粗齿,无苞外蜜腺。

花冠小,有黄色、红色、白色等不同颜色;花瓣基部有红斑或无红斑。雄蕊管长,全部具有花药;花丝、花柱较短,柱头联合、顶端很少分开。

棉铃(蒴果)小,多呈长尖形或圆锥形;铃面分布有较多的多酚色素腺体且凹陷点明显;棉铃多3室,每室有6～17个种子;铃柄细长,且向下弯曲,棉铃不易积水,可减轻铃病侵染;裂铃吐絮畅,成熟后铃壳完全开裂,加之棉铃开口向下,虽易于收花,但籽棉易自然掉落地面。

种子小,子指仅6～10克;多为毛籽,少数品种为端毛籽;有短绒,短绒多为白色及灰白色;种皮内维管束系统(脉纹)突出而明显。

纤维较短,一般纤维长度在15～25毫米;纤维宽度较大、细胞壁较厚,因而纤维较粗硬而富有弹性,纤维强度一般较高。

第二节　亚洲棉种质资源

一、江阴白籽

种质库编号:AM000010

种植圃编号:14J135N/E11

种质来源:引自中国农业科学院棉花研究所

性状特征:早熟类型,株型筒形,果枝Ⅲ式,植株色素腺体中;茎色红色,主茎细软,茎秆茸毛多、茸毛长度短;叶片鸡脚形,叶色绿色,叶裂刻深、裂片5片,叶蜜腺0～3个,叶片茸毛中、茸毛长度短,无叶基斑;花漏斗形,花冠黄色,花药黄色,花丝乳白色,花柱长度中,花瓣基斑大、紫色,花萼波状,苞叶心形,苞齿数目0～5个,苞叶基部联合,无苞外蜜腺,苞叶宿生;铃单生、下垂着生,铃柄细长,铃红绿色、圆形,铃壳薄,铃尖突出,吐絮畅,絮易自然脱落;单铃3室,单铃重2.9克,衣分33.8%,子指7.1克;种子有色素腺体、毛籽,短绒白色,纤维白色;纤维上半部平均长度22.7毫米,长度整齐度73.4%,断裂比强度23.2厘牛/特克斯,断裂伸长率6.7%,马克隆值7.2。如图4-1—图4-9所示。

图4-1 江阴白籽:种子

图4-2 江阴白籽:幼苗

图4-3 江阴白籽:苗期

图4-4 江阴白籽:叶

图4-5 江阴白籽:蕾

图4-6 江阴白籽:花

图4-7 江阴白籽:铃

图4-8 江阴白籽:吐絮

图4-9 江阴白籽:株行

二、望江中棉

种质库编号:AM000050

种植圃编号:14J136S

种质来源:安徽望江地方品种

性状特征:中早熟类型,株型筒形,果枝Ⅲ式,植株色素腺体中;茎色红色,主茎硬度软,茎秆茸毛少、茸毛长度中;叶片鸡脚形,叶色绿色,叶裂刻深、裂片5片,叶无蜜腺,叶片光滑无茸毛,有叶基斑;花漏斗形,花冠黄色,花药黄色,花丝乳白色,花柱长度中,花瓣基斑大、紫色,花萼波状,苞叶心形,苞齿数目5~7个,苞叶基部联合,有苞外蜜腺,苞叶宿生;铃单生、下垂着生,铃柄细长,铃红绿色、圆形,铃壳薄,铃尖突出,吐絮畅,絮易自然脱落;单铃3室,单铃重2.7克,衣分28.6%,子指7.1

克;种子有色素腺体、端毛,短绒灰白色,纤维白色;纤维上半部平均长度24.1毫米,长度整齐度81.5%,断裂比强度26.2厘牛/特克斯,断裂伸长率6.6%,马克隆值7.1。如图4-10—图4-17所示。

图4-10 望江中棉:种子

图4-11 望江中棉:幼苗

图4-12 望江中棉:苗期

图4-13 望江中棉:花

图4-14 望江中棉:铃

图4-15 望江中棉:吐絮

图4-16　望江中棉：单株

图4-17　望江中棉：标准株

三、江铃小花

种质库编号：AM000070

种植圃编号：22G06/13

种质来源：安徽桐城地方品种

性状特征：中早熟类型，株型筒形，果枝Ⅱ式，植株色素腺体多；茎色日光红色，主茎细软，茎秆茸毛中、茸毛长度长；叶片鸡脚形，叶色绿色，叶裂刻深、裂片3片，叶蜜腺0～3个，叶片茸毛少、茸毛长度短，有叶基斑；花漏斗形，花冠乳白色，花药黄色，花丝乳白色，花柱长度长，花瓣基斑大、紫色，花萼波状，苞叶三角、无苞齿，苞叶基部联合，无苞外蜜腺，苞叶宿生；铃单生，下垂或直立着生，铃绿色、卵圆形，铃尖突出，吐絮畅，絮易自然脱落；单铃3～4室，衣分27.0%，子指7.2克；种子有色素腺体、稀毛，短绒灰白色，纤维白色；纤维上半部平均长度23.8毫米，长度整齐度83.1%，断裂比强度24.7厘牛/特克斯，断裂伸长率6.4%，马克隆值7.3。如图4-18—图4-25所示。

图4-18 江铃小花:单株

图4-19 江铃小花:茎

图4-20 江铃小花:叶

图4-21 江铃小花:蕾

图4-22 江铃小花:花(顶视图)

图4-23 江铃小花:花(侧视图)

图 4-24 江铃小花:铃 图 4-25 江铃小花:吐絮

第三节 草棉种质资源

草棉(*Gossypium herbaceum* L.)是棉属 4 个栽培棉种之一,为二倍体棉种(2*n*=26)、A₁基因组,分布地域较广,从非洲南部沿着非洲西部向北,经过阿拉伯半岛一直延伸到亚洲东部地区。

草棉曾经是重要的栽培棉种,栽培历史相对较长。草棉在历史上被驯化用于纺织服装,但由于产量较低、纤维粗短且强度较低,其商业利用价值非常低,因此19 世纪以来,草棉生产已逐渐被淘汰。

然而,一方面,草棉已被人类长期驯化和栽培,具有较强的抗逆性和环境适应能力;另一方面,在现代工业条件下,短而粗的纤维具有较高的弹性,也有其特殊用途。因此,草棉可以作为一种重要的种质资源,在棉花遗传育种以及棉纺织工业上都具有重要的利用价值。

草棉为亚灌木,植株矮小,茎秆粗壮,茎色较淡,具有少数或无营养枝。果枝有多节,小枝和幼叶有稀毛。叶片宽平,宽度大于长度。掌状分裂,通常有 5(3～7)个裂片,缺刻较浅,小于 1/2 叶片宽度;裂片较宽,呈卵圆形,常常在基部只稍缢缩,在主裂片之间没有副裂片;叶柄短。苞叶较宽,与花及蒴果不贴合,呈圆形或广三角形,宽比长大,边缘有 10～15 个三角状齿;苞叶基部联合,外无蜜腺。花冠小,黄

色,花瓣基部有红斑。雄蕊管全部具花药,花丝、花柱短,柱头往往完全联合,顶端很少裂开。棉铃(蒴果)小,果长2～3厘米,近圆形,很少有明显的肩角,顶上具喙,表面平滑或有非常浅的凹点,具少数油腺,不明显;棉铃3～4室,成熟吐絮时只稍开放;每室种子不超过11粒;铃柄细长且下弯,籽棉易自然脱落。种子常具短绒,包括长的绒毛和短的茸毛;纤维长度一般在15～20毫米。

现存草棉种质资源十分有限,在安徽省长江流域棉区自然生态条件下种植难以开花结铃。因此,本书仅收录草棉植株图片1张,如图4-26所示。

图4-26　草棉(安庆,2012年)

第五章

逆境胁迫下棉花
种质资源的
性状表现

棉花属于大田农作物,其种植环境受自然生态条件的制约。棉花在生长发育过程中,经常会遭受病害、虫害、草害等生物胁迫,以及干旱、渍涝和低温、盐碱等非生物胁迫(又称"逆境胁迫")。

这些外界不良环境条件不仅对棉花生长发育产生负面影响,而且还影响其产量及纤维品质,给棉花生产造成损失。但棉花在长期进化过程中,逐渐形成了逆境适应能力,在抵御和适应生物胁迫及环境胁迫的过程中,通过一系列生理、生化方面的应答反应形成抗逆机制,同时,也会引起棉花形态、性状上的特异性变化。这些因逆境胁迫引起的形态变异,容易与自然变异相混淆,在棉花种质资源性状鉴定时需要特别注意加以区分。

第一节 病 害

棉花生长的全生育期都可能遭受病害影响,其中危害较大的病害主要是枯萎病和黄萎病。棉花枯萎病主要在苗期、蕾期发生,随着抗枯萎病种质资源的创制和利用,棉花新品种对枯萎病的抗性大幅提高,使枯萎病的危害逐渐得到控制;棉花黄萎病在苗期、蕾期、花铃期直至吐絮成熟期均有发生,且缺乏抗黄萎病的棉花种质资源,因此,近些年棉花黄萎病危害有逐年加重的趋势,对棉花生产以及种质资源鉴定工作造成较大影响。另外,少数年份或特殊的栽培环境下,立枯病等苗期病害以及软腐病等铃期病害也会发生,危害也会较重。如图5-1—图5-15所示。

图5-1 棉花枯萎病症状1:青枯型

图5-2 棉花枯萎病症状2:黄化型　　　　图5-3 棉花枯萎病症状3:萎蔫型

图 5-4　棉花枯萎病症状 4:紫红型

图 5-5　棉花黄萎病症状 1:黄斑型

图5-6　棉花黄萎病症状2：叶枯型

图5-7　棉花黄萎病症状3：落叶型

图5-8　棉花黄萎病症状4:网纹型

图5-9　棉花黄萎病:叶枯型和黄斑型混合发生

图5-10　红叶棉黄萎病(叶枯型)危害状

图5-11　黄叶棉黄萎病(叶枯型)危害状

图5-12　立枯病棉苗

图5-13　叶斑病棉叶

图5-14　红腐病棉铃

图5-15　软腐病棉铃

第二节　虫　害

随着转 Bt（*bacillus thuringiensis*，苏云金芽孢杆菌）基因抗虫棉的推广应用，棉田生态系统发生了较大变化，棉花的主要害虫棉铃虫和棉红铃虫的危害显著减小，其防治时间推迟、防治次数减少，逐渐降为次要害虫。与此同时，棉盲蝽、棉叶蝉、烟粉虱、斜纹夜蛾等已上升为棉花的主要害虫。如图 5-16—图 5-44 所示。

图 5-16　棉铃虫幼虫

图 5-17　棉铃虫为害状：蕾

图 5-18　棉铃虫为害状：花

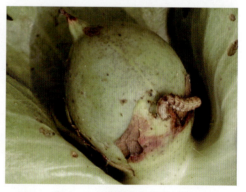

图 5-19　棉铃虫为害状：铃

图 5-20　棉红铃虫：幼虫钻蛀棉籽

图 5-21　棉红铃虫：籽棉包装袋上的幼虫

图 5-22　斜纹夜蛾:初孵幼虫

图 5-23　斜纹夜蛾为害状:叶

图 5-24　斜纹夜蛾为害状:铃

图 5-25　斜纹夜蛾为害状:花

图5-26　棉盲蝽:成虫

图5-27　棉盲蝽:若虫

图5-28　棉盲蝽为害状:棉苗

（a）为害初期　　　　　　　　　　　　　　　（b）为害后期

（c）老叶为害状

图5-29　棉盲蝽为害状：叶

图5-30　棉盲蝽为害状：蕾

图5-31 棉盲蝽为害状:茎尖

图5-32 棉盲蝽为害状:花

图5-33 棉蓟马为害状:无头苗

图 5-34　棉叶蝉为害状:叶

(a)为害初期

图 5-36　烟粉虱:成虫

(b)为害中后期

图 5-35　棉叶蝉为害状

图 5-37　烟粉虱:蛹及蛹壳

图 5-38　烟粉虱为害状:叶背化蛹

（a）棉苗

（b）茎初期为害状

（c）茎后期为害状

图5-39　扶桑棉粉蚧为害状

图5-40　棉蚜为害状：棉苗（顶视图）

图5-41 棉蚜为害状:棉苗(侧视图)

图5-42 棉蚜:若虫

图5-43 棉蚜:有翅蚜

图5-44 棉蚜为害状:冠层

第三节 气 象 灾 害

　　气象因素对棉花的生长发育具有较大影响,往往导致棉花种质资源在不同年份或不同地区的性状表现存在较大差异。了解气象因素对棉花生长发育的影响,有助于准确鉴定和评价种质资源的性状。影响棉花生长发育的气象因素主要有高温热害、低温冷害、干旱、渍涝、秋雨和台风等。如图5-45—图5-73所示。

图5-45　高温热害1:引起花蕾干枯而不脱落

图5-46 高温热害2:引起蕾铃脱落

（a）不耐高温种质花蕾干枯脱落

（b）耐高温种质花蕾正常成铃

图5-47 耐高温与不耐高温种质资源的成铃
表现对比

图5-48 高温热害3:花粉败育导致受精不良,不孕籽多、棉瓣小

图 5-49 低温冷害 1:心叶冻伤

图 5-50 低温冷害 2:棉苗冻伤

图 5-51 低温冷害 3:棉叶青枯

图 5-52 低温冷害 4:棉叶干枯

图 5-54 低温冷害6:棉田雪景

图 5-53 低温冷害5：
棉叶脱落,青铃不吐絮

图 5-55 旱灾1:叶片失水萎蔫,青铃失水开裂

图 5-56 旱灾2:花蕾干枯脱落,青铃失水开
裂,吐絮提前

图 5-57 渍害:苗期

图 5-58　涝灾 1:苗期

图 5-59　涝灾 2:现蕾期

图 5-60　涝灾 3:开花期

图 5-61　涝灾 4:花铃期

图 5-62　涝灾 5:营养钵育苗苗床

图 5-63　涝灾 6:直播棉田

图5-64 涝灾7:短时间(24小时以内)淹水后
棉苗恢复生长

图5-65 涝灾8:长时间(24小时以上)淹水后
棉苗枯死

图5-66 涝灾9:叶片边缘枯黄,新叶恢复生长

图5-67 涝灾10:叶片枯黄萎蔫,蕾铃脱落

图5-68 秋雨危害1:蕾铃脱落

图5-69 秋雨危害2:烂铃

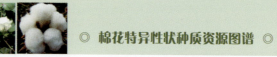

图 5-70　秋雨危害 3：絮棉脱落

图 5-72　台风危害 1：棉株倒伏

图 5-73　台风危害 2：蕾铃脱落

图 5-71　秋雨危害 4：棉铃发芽

第四节　药害与肥害

　　棉花药害与肥害一般都是人为因素造成的,往往是因为施用了棉花敏感的药剂(农药或除草剂等)、施用的药剂浓度过高、药剂或化肥用量过大等,造成棉花生理代谢异常、形态变异甚至枯死等一系列症状,尤其是药害引起的棉花形态变异,容易与自然变异相混淆,在做棉花种质资源性状鉴定时需要特别加以注意。如图5-74—图5-81所示。

图5-74　除草剂药害1:2,4-D类除草剂导致棉苗叶片皱缩呈鸡脚形,边缘卷曲

图5-76　除草剂药害3:棉花现蕾期草甘膦类
除草剂导致幼嫩叶片产生枯斑

图5-75　除草剂药害2:草甘膦类除草剂导致
棉苗新叶枯死

图5-77　除草剂药害4:棉花花铃期草甘膦类
除草剂导致幼嫩叶片发黄、苞叶发红、蕾铃
脱落

图5-78　除草剂药害5:磺隆类除草剂造成棉苗叶片变成黄绿色,出现棕褐色枯斑,叶片边缘上卷

图5-79　除草剂药害6:乙草胺除草剂造成棉苗叶片出现水渍状枯斑,叶片边缘上卷

(a)叶片受害初期叶肉出现枯斑

(b)叶片受害中期叶肉枯斑扩大,叶缘卷曲

(c)叶片受害后期枯黄脱落

图5-80　有机氯农药药害

图5-81 肥害:尿素施用过量,遇雨后引起棉株枯萎

附录　棉花特异性状中文索引

（本索引以棉花特异性状为关键词，按性状首字汉语拼音顺序，检索定位到正文页码。定性描述的性状直接列举性状类型，定量描述的性状分组索引；常见的、出现次数较多的一般性状仅部分列举索引。）

B

有苞外蜜腺:15,29,30,32,35,37,38,39,41,42,113,116,117,118,120,151,153,156,157,163,等

苞叶联合

苞叶基部联合:15,29,30,32,33,35,38,39,42,44,117,118,146,151,153,156,157,161,165,167,等

苞叶基部不联合:37,96

苞叶形状

心形:15,29,30,32,35,36,38,41,42,44,118,120,131,132,151,153,156,157,161,163,等

窄卷:96,130,132,133,134,144,145

三角形:140,141,142,143,144,146

比强度

20.0～24.9厘牛/特克斯:57,67,71,77,78,102,104,105,106,107,109,111,118,124,125,127,130,131,161,165

25.0～29.9厘牛/特克斯:15,25,26,27,29,32,35,37,38,41,42,44,47,50,54,55,57,61,63,164,等

30.0～34.9厘牛/特克斯:20,22,23,34,49,91,93,95,103,122

35.0～39.9厘牛/特克斯:156

45.0～49.9厘牛/特克斯:151,154

D

单株铃数

10.0～19.9个:67,74,77

20.0～29.9个:37,47,49,56,58,60,63,65,69,72,78,80,82

30.0～39.9个:15,31,32,33,35,38,39,44,52,54,55,61,71

40.0～49.9个:29,41,42,50

50.0～59.9个:46

短绒

光籽:94

端毛:67,153,156,164

稀毛:151,165

毛籽:30,32,33,34,35,37,38,39,41,44,123,124,125,127,128,130,133,134,157,161,等

短绒颜色

白色:15,29,30,32,33,35,37,38,39,41,67,69,72,74,78,80,82,130,131,161,等

灰白色:46,47,50,52,53,55,85,86,88,90,112,113,120,122,124,125,127,128,164,165,等

棕色:76,102,130

绿色:104,105,118

棕灰色:151,157

灰绿色:153,156

灰黑色:134

G

果枝节位

4.0～4.9台:49,58

5.0～5.9台:22,23,24,42,46,47,61

6.0～6.9台:19,21,29,31,32,33,35,39,44,50,54,55,56,60,65,69,71,74,76,78,82

7.0～7.9台:15,37,38,41,52,63,72,80,153

8.0~8.9台:67

9.0~9.9台:156

果枝类型

○式:111

Ⅰ式:112

Ⅱ式:24,33,44,47,59,61,62,64,66,68,70,72,74,76,91,92,110,130,165

Ⅲ式:14,19,21,22,23,26,27,28,29,30,125,127,128,130,131,132,133,157,161,163,等

Ⅳ式:35,41,151,153

果枝数

<10.0台:19,23

10.0~14.9台:21,22,24

15.0~19.9台:67,78,97

20.0~24.9台:15,31,33,39,42,50,52,56,58,61,63,65,72

>25.0台:151,153,156

H

花萼形状

波状:15,29,30,32,33,35,38,39,42,44,118,120,144,151,153,156,157,161,163,165,等

花冠长度

4.0~4.9厘米:64,67

5.0~5.9厘米:29,30,32,35,36,38,41,42,44,45,60,61,62,69,70,72,76,78,80,82,等

花冠色

乳白色:15,29,30,32,33,35,36,38,39,41,110,111,112,127,128,134,140,141,157,165,等

黄色:151,153,156,161,163

红白色:113,115,117,118,120,121,122,138

淡粉色:139

粉红色:62,66,72,76,78,80,82,123,124,125,130

花基斑大小

无:15,29,30,32,33,35,36,38,39,41,124,125,127,128,130,134,140,141,156,157,等

大:161,163,165

花基斑颜色

紫色:88,151,153,161,163,165

花丝色

乳白色:15,29,30,33,35,38,39,41,42,44,122,139,140,141,151,153,156,157,163,165,等

粉红色:88

花形

喇叭形:15,29,30,32,33,35,36,38,39,41,123,125,127,128,130,134,139,140,141,157,等

漏斗形:161,163,165

筒形:151,153,156

闭合形:86,137

花药色

乳白色:15,29,30,32,33,35,38,39,41,42,115,117,118,120,121,130,139,140,141,157,等

黄色:36,78,90,123,151,153,156,161,163

红白色:122

花柱长度

短:15,35,45,47,109

中:29,32,33,36,38,39,41,42,44,50,116,117,118,139,151,153,156,157,161,163,等

长:30,62,80,82,140,141,165

黄萎病

耐:20,23

感:22,24,25,26,27,28

J

茎毛多少

无:45,47,67,82,91,115,151,153,155

少:35,36,38,39,42,44,50,52,53,55,105,109,113,120,121,122,127,128,134,163,等

中:29,30,32,33,41,58,64,69,86,88,97,101,104,110,111,130,133,157,165

多:14,48,59,76,96,106,112,123,124,125,161

茎毛长短

短:72,74,78,84,161

中:14,29,33,39,42,50,52,53,55,56,70,76,80,88,104,106,113,134,157,163,等

长:30,48,165

茎色

日光红色:29,30,32,33,35,36,38,39,41,42,101,104,105,110,127,128,151,153,155,165,等

红色:113,115,117,118,120,121,161,163

绿色:14,48,58,64,68,70,74,85,92,96,102,106,108,109,112,134,157

紫色:62,66,72,76,78,80,82,123,124,125,130,131,132,133

K

枯萎病

高抗:20,23

抗:22

耐:24,26

感:21,25,27,28

L

铃尖突出

无:48,97,125

弱:29,44,60,64,74,80,124,134,146

中:15,30,33,35,38,39,41,42,45,47,112,113,117,118,120,121,122,130,147,151,等

强:153,156,161,163

铃色

绿色：15,48,58,64,69,70,97,142,143,144,147,151,153,165

红绿色：29,30,32,33,35,37,38,39,42,45,116,117,118,121,122,130,146, 157,161,163,等

红色：62,67,72,76,78,123,124,125,127,128,130,144,145

铃室数

2～3室：153

3～4室：58,67,74,165,168

4～5室：29,30,32,33,35,37,38,39,41,42,52,53,55,56,61,69,70,72,76, 78,等

5室：94,144,157

6室：142

8室：143,144

铃形

圆形：70,161,163

卵圆形：15,32,33,35,37,38,39,41,44,45,127,128,130,142,144,145,146, 147,157,165,等

圆锥形：48,151,153,156

椭球形：143,144

铃着生方式

单生：15,29,30,33,35,37,38,39,41,42,134,142,146,147,151,153,156, 161,163,165,等

丛生：48,58,91,143,144

铃重

1.0～1.9克：151,153

2.0～2.9克:130,156,161,163

3.0～3.9 克:85,95,102,103,104,105,107,117,118,120,130,131,132,133,134

4.0～4.9克:25,27,54,71,74,77,80,82,86,89,90,92,97,105,107,109,110,116,121,123,124

5.0～5.9 克:19,21,22,23,24,26,28,29,31,35,93,96,107,111,112,113,122,127,128,157,等

6.0～6.9克:32,108

M

马克隆值

2.0～2.9:63,105,107,111,130,131,132,133

3.0～3.9:60,96,102,103,118,134,151,154,156

4.0～4.9:20,21,29,31,32,37,39,41,42,47,77,82,85,87,91,104,107,109,125,157,等

5.0～5.9:15,22,23,24,25,34,35,38,44,46,95,97,112,113,116,117,120,122,123,124,等

7.0～7.9:164,165

每室种子数

5粒:64,67,74

7粒:30,49,58,62,80,82

9 粒:15,29,33,35,38,39,41,42,44,45,55,56,60,61,69,70,72,76,78,94,等

S

伸长率

5.0%~5.9%:15,35,37,41,52,58,77,78,80,82,112

6.0%~6.9%:29,31,32,34,38,39,42,44,46,48,128,130,131,133,134,135,157,161,164,165,等

7.0%~7.9%:67,85,102,104,118,122,123,125,151,154,156

熟性

早熟:19,21,22,23,24,25,26,27,28,161

中早熟:30,55,58,61,72,80,91,104,122,163,165

中熟:29,32,33,35,36,38,39,41,42,44,110,111,112,113,115,117,118,120,121,157,等

中晚熟:14

晚熟:56,66,76,155

极晚熟:151,153

T

吐絮程度

紧:48,153,156

中:30,58,62,64,67,74,80,82

畅:15,29,32,33,35,37,38,39,42,44,117,118,120,121,122,151,157,161,163,165,等

X

纤维长度

15.0～19.9毫米:77,102

20.0～24.9毫米:67,89,104,105,118,125,130,161,164,165

25.0～29.9毫米:15,23,25,26,27,29,31,32,33,37,38,39,42,44,46,57,65,78,120,128,等

30.0～34.9毫米:20,21,22,28,49,85,93,122,157

35.0～39.9毫米:151,154,156

纤维颜色

白色:15,29,30,32,33,39,41,42,46,49,125,127,128,132,133,134,157,161,164,165,等

乳白色:151,153,156

棕白色:104

浅棕色:102

棕色:76,130

深棕:101

浅绿色:62

棕绿色:104,105

灰绿色:106,118

灰白绿色:107

白绿灰色:107

纤维有无

无:94

有:15,20,21,22,23,25,26,27,28,29,132,133,134,151,153,156,157,161,164,165,等

Y

叶基斑

无:76,161

有:15,29,30,32,33,35,36,38,39,41,130,131,132,133,134,151,153,156,163,165,等

叶裂刻

浅:30,39,53,67,72,78,82,124,157

中:14,29,32,33,35,36,38,41,44,47,115,117,118,120,121,122,130,131,132,133,等

深:42,74,93,123,125,151,161,163,165

全裂:91,92

叶裂片数

3片:130,131,132,133,134,156,165

3~5片:85,88,91,92,93,122,129,151,153,157

5片:14,29,30,33,35,36,38,39,41,42,104,105,106,108,109,113,115,120,161,163,等

叶毛多少

无:45,47,67,82,151,153,163

少:35,36,38,39,42,44,50,52,53,55,102,105,109,113,115,117,118,156,157,165,等

中:15,29,30,32,33,41,58,64,69,161

多:48,59,76,112,122,124

叶毛长短

短:72,74,78,84,161,165

中:15,29,33,39,42,50,52,53,55,56,58,61,62,64,69,70,91,113,157

长:30,48,59

叶蜜腺

无:91,109

有:15,29,30,32,33,35,36,38,39,41,76,80,82,96,114,136,151,153,156,157,等

叶蜜腺数

0~3个:165

1个:29,30,35,38,41,42,44,47,50,52,53,55,72,74,76,80,82,96,114,136

1~3个:15,32,33,36,39,45,56,58,59,61,156

3个:157

3~5个:151,153

叶色

浅绿色:48,53,86,109

绿色:29,30,32,33,35,36,38,39,41,44,91,92,104,105,111,112,136,161,163,165,等

深绿色:14,42,52,58,61,70,88,97,101,102,106,110,153,156

黄色:64,74,108

黄红色:67,76,78,80,82,129,131,148

黄绿色:133,148

黄绿红色:132,148

粉红色:148

粉绿色:148

紫红色:62,72,113,115,117,118,120,121,148

红绿色:122,130

红色花斑:123

红绿色花斑:124,125

黄绿色花斑:127

绿色花斑:128

叶形

阔叶:14,45,53,67,72,78,82,157

掌状:29,30,32,33,35,36,38,39,41,42,109,110,111,112,113,115,120,121,122,136,等

鸡脚:74,93,125,151,153,156,161,164,165

超鸡脚:91,92,105,117,118,123

皱缩:129

杯状:130,131,132,133,134

叶枝数

1.0~1.9台:42,44,47,49,58,61,67,78,80,82

2.0~2.9台:15,29,31,32,33,35,37,38,39,41,55,56,60,63,65,69,71,72,74,77,等

衣分

15.0%~19.9%:77,105,130,133

20.0%~24.9%:67,102,106,118

25.0%~29.9%:63,72,90,96,103,104,105,108,111,121,163,165

30.0%~34.9%:15,60,61,65,69,71,74,78,85,109,117,120,123,124,125,127,128,130,134,151,156,157,161

35.0%~39.9%:37,41,42,58,82,86,90,91,95,97,113,153

40.0%~44.9%:22,25,32,35,38,44,46,47,52,54,55,57,112

Z

整齐度

70.0%~74.9%:107,130,132,133,161

75.0%~79.9%:72,77,117,118,124,127,128,154

80.0%~85.9%:15,29,31,32,33,35,39,41,42,44,91,92,93,97,108,121,123,125,164,165,等

86.0%~89.9%:113

植株腺体

无:48,70

少:62,117,118

中:29,30,32,33,35,36,38,39,41,42,123,124,125,130,151,153,155,157,161,163,等

多:14,58,59,64,76,165

株高

80.0~89.9厘米:21,22,23

90.0~99.9厘米:19,24,74

110.0~119.9厘米:64,69,72,76,78,80

120.0~129.9厘米:29,61,67,71

130.0~139.9厘米:33,44,52,58,60,82

140.0~149.9厘米:35,37,41,42,47,54,55,62

150.0~159.9厘米:15,30,32,38,39,46,49,50,97

170.0~179.9厘米:56

>200厘米:151,153,155

株型

筒形:24,25,48,58,110,111,112,130,161,163,165

塔形:14,19,21,22,23,29,30,32,33,35,128,130,131,132,133,134,151,153,155,157,等

主茎硬度

软:55,61,62,74,85,91,117,118,161,163,165

中:29,30,32,35,36,38,39,41,44,45,105,106,108,109,111,112,113,115,134,157,等

硬:14,33,42,58,155

子指

7.0～7.9克:163,165

8.0～8.9克:31

9.0～9.9克:29,46,50,54,67,71,116,117,120

10.0～10.9克:28,32,33,35,38,39,44,47,52,55,92,93,107,109,111,113,118,121,134,151,等

11.0～11.9克:20,21,22,23,41,42,58,69,90,104,107,124,126,131,153,156,157

12.0～12.9克:37,49,57,60,63,72,89,105,123,130

13.0～13.9克:15,77,108,132

14.0～14.9克:103,128

15.0～19.9克:130,133

主要参考文献

[1] 潘家驹.作物育种学总论[M].北京:中国农业出版社,1994:22-34.

[2] Н.Г.西蒙古良,А.Н.萨夫林,С.Р.穆哈米德汉诺夫.棉花遗传育种和良种繁育[M].刘毓湘,李特特,王志华,等译.北京:中国农业出版社,1986,9:91-93.

[3] 黄滋康.中国棉花品种及其系谱[M].北京:中国农业出版社,1996.

[4] 李正理.棉花形态学[M].北京:科学出版社,1979.

[5] 王德彰.棉花的生物学特性[J].中国农业科学,1958(3):150-153.

[6] 中国农业科学院棉花研究所.中国棉花栽培学[M].上海:上海科学技术出版社,1983,12:69-129.

[7] 何团结,林毅,程福如.安徽省棉花品种遗传改良成效分析[J].中国棉花,2012,39(4):18-21.

[8] 何团结.安徽省棉花种质资源库建设成效经验与思考[J].安徽农业科学,2022,50(21):248-250.

[9] 何团结.安徽省棉花种质资源创新研究70年(1953—2022)[J].中国棉花,2023,50(10):6-11.

[10] KOHEL R J, LEWIS C F, RICHMOND T R. Texas marker-1: Description of a genetic standard for Gossypium hirsutum L[J]. Crop Sci., 1970(10): 670-671.

[11] ZHANG T Z, HU Y, JIANG W K, et al. Sequence of allotetraploid cotton (Gossypium hirsutum L. acc. TM-1) provides a resource for fiber improvement [J]. Nature Biotechnology, 2015, 33: 531-537.

[12] LI F, FAN G, LU C, et al. Genome sequence of cultivated Upland cotton (Gos-

sypium hirsutum TM-1) provides insights into genome evolution[J]. Nat Biotechnol, 2015, 33(5): 524-530.

［13］ 刘旭, 曹永生, 张宗文, 等. 农作物种质资源基本描述规范和术语[M]. 北京: 中国农业出版社, 2008.

［14］ 杜雄明, 周忠丽. 棉花种质资源描述规范和数据标准[M]. 北京: 中国农业出版社, 2005.

［15］ 中华人民共和国农业农村部. 棉花品种纯度田间小区种植鉴定技术规程: NY/T 3760—2020[S]. 北京: 中国农业出版社, 2020.

［16］ 国家市场监督管理总局, 国家标准化管理委员会. 植物品种特异性(可区别性)、一致性和稳定性测试指南 棉花: GB/T 19557.18—2022[S]. 北京: 中国标准出版社, 2022.